"创新设计思维"
数字媒体与艺术设计类新形态丛书

微｜课｜版

U0149607

Web交互界面设计与制作

张晓颖 石磊◎主编

阚洪 陶薇薇 何正桃 杨磊◎副主编

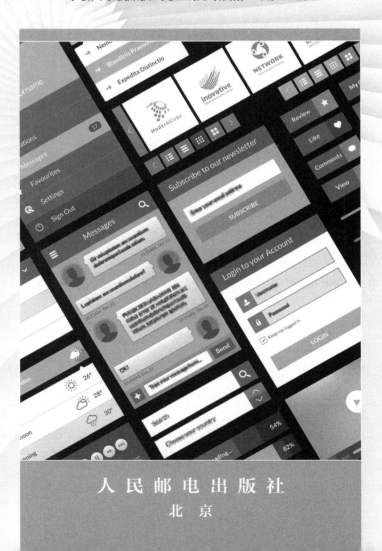

人民邮电出版社

北 京

图书在版编目（ＣＩＰ）数据

Web交互界面设计与制作 ：微课版 / 张晓颖，石磊
主编. -- 北京 ：人民邮电出版社，2024.7
（"创新设计思维"数字媒体与艺术设计类新形态丛
书）
ISBN 978-7-115-64089-5

Ⅰ．①W… Ⅱ．①张… ②石… Ⅲ．①网页制作工具－
程序设计－教材 Ⅳ．①TP393.092.2

中国国家版本馆CIP数据核字(2024)第066059号

内 容 提 要

本书在编写过程中坚持理论性和实用性相结合，力求与互联网行业技术发展同步，着重提高读者
Web 交互界面设计和制作的能力。

全书共 9 章，内容包括交互界面设计概述、Web 交互界面设计基础、Web 交互界面技术概述、HTML5
和 CSS3 基础、Web 交互界面设计案例、HTML5 和 CSS3 进阶、JavaScript 基础、Web 交互界面开发、
综合案例：网站交互界面开发。

本书系统地介绍 Web 交互界面设计与制作的全过程，可作为高等院校数字媒体技术、数字媒体艺
术、计算机科学与技术等相关专业的教材或教学参考书，也可供各类培训机构、网页设计从业人员参考
使用。

- ◆ 主　　编　张晓颖　石　磊
　　副 主 编　阚　洪　陶薇薇　何正桃　杨　磊
　　责任编辑　许金霞
　　责任印制　陈　犇
- ◆ 人民邮电出版社出版发行　　北京市丰台区成寿寺路 11 号
　　邮编　100164　 电子邮件　315@ptpress.com.cn
　　网址　https://www.ptpress.com.cn
　　涿州市京南印刷厂印刷
- ◆ 开本：787×1092　1/16
　　印张：15.75　　　　　　　　　　　2024 年 7 月第 1 版
　　字数：363 千字　　　　　　　　　2024 年 7 月河北第 1 次印刷

定价：69.80 元

读者服务热线：(010)81055256　印装质量热线：(010)81055316
反盗版热线：(010)81055315
广告经营许可证：京东市监广登字 20170147 号

前言

在如今的互联网、信息技术和大数据时代，科技高速发展，产品功能越来越多样化，产品操作的复杂性与用户要求的简单性的矛盾越来越突出。在这种紧迫的形势下，交互设计的好坏直接影响产品的品质。在Web开发中HTML5、CSS3和JavaScript已成为互联网开发核心基础知识的重要组成部分。

本书是一本可供读者从零开始学习的Web交互界面设计教材，以"理论穿插案例"，由浅入深、循序渐进的方式，详细介绍Web交互界面设计过程中的设计基础，以及HTML5、CSS3和JavaScript的相关知识。

📺 本书特色

（1）在内容编排上，从交互界面设计的基础知识开始，介绍Web交互界面的设计思路、用户体验设计、内容规划，以及如何利用HTML5、CSS3和JavaScript 等相关技术进行Web交互界面设计与制作。

（2）采用"理论穿插案例"，由浅入深、循序渐进的方式，结合大量的实际案例，详细介绍了Web交互界面设计与制作的操作过程，具有较强的实用性和可操作性，注重读者实践能力的培养。

（3）每章章末都设置了"本章小结"，简要总结了本章的主要内容和重点难点；同时，还设置了"本章习题"，包括选择题、简答题、操作题，便于读者巩固所学知识，还可满足高校"教、学、做、考"一体化的教学需求。

🗐 主要内容

本书共9章，各章内容安排如下。

第1章是交互界面设计概述，主要介绍交互界面的概念、历史，并介绍用户体验的相关概念等。

第2章是Web交互界面设计基础，主要介绍Web交互界面设计中的设计思路和相关要素，以及Web界面设计工具Photoshop的基本使用方法等。

第3章是Web交互界面技术概述，主要介绍Web交互界面技术相关概念及核心技术。

第4章是HTML5和CSS3基础，主要介绍HTML5和CSS3相关基础知识，包括HTML5常用标签、CSS3选择器等，并讲解文章界面美化案例，让相关知识得到充分应用。

第5章是Web交互界面设计案例，主要介绍Web交互界面中常见的新闻列表、导航、图文板块、图文列表等的制作方法，带领读者剖析案例并深入理解HTML5和CSS3的应用。

第6章是HTML5和CSS3进阶，主要介绍Web交互界面开发中HTML5表格、HTML5表单、媒体对象，以及CSS3的伪类、帧动画、flex布局、响应式布局等内容。

第7章是JavaScript基础，主要介绍JavaScript在页面中的使用方法、变量、函数、流程控制语句、DOM操作等内容。

第8章是Web交互界面开发，主要介绍Web交互界面中常见的交互特效的制作，如简易计算器、时间走动效果、图片轮播等的制作。

第9章是网站交互界面开发综合案例，主要介绍网站交互界面开发的流程和常见交互效果在项目中的应用，极具实用性。

致谢

本书在编写过程中得到了重庆千赞科技有限公司的大力支持。特别感谢该公司的杨磊和何正桃经理为本书提供的宝贵意见和建议，并提供了项目案例。这些案例经过优化脱敏后作为本书的教学案例和习题内容。

限于编者水平，书中难免有不足和疏漏之处，恳请读者批评指正。

编　者

2024年6月

目录

第 1 章

交互界面设计概述

交互界面设计试图提高产品或系统的可用性和用户体验。它首先研究并了解某类用户的需求，然后通过设计来满足用户的需求。随着产品功能不断丰富，操作变得越来越复杂，用户对产品操控简易性的需求日益增强，在如何提升用户使用效率方面，设计师们面临着巨大挑战。交互界面设计试图在保证产品功能正常运行的同时，缩短用户的学习时间，提高任务完成的准确性和效率。这能让用户减少学习阻碍，从而有更好的用户体验，并对交互界面感到更加满意。

1.1 交互界面的概念

交互界面是用户与系统之间连接的纽带。用户（人）通过交互界面操作系统，系统（机）则把操作结果通过交互界面反馈给用户。交互界面直接决定了用户是否接受和喜欢某系统。因此，在现代系统开发过程中，交互界面技术尤为重要。

本节要点

（1）理解交互界面的含义。

（2）能够阐述交互界面相关概念。

对于交互界面，可以从"交互"与"界面"这两个方面来理解它的含义。交互是一门研究用户与系统之间的交互关系的学问。系统可以是各种各样的机器，也可以是"计算机化"的系统和软件。界面通常是指用户可见的部分。用户通过界面与系统交流并进行操作，如用户通过手机界面操作，就可以使用手机的通话、拍照、上网等功能，而手机也会把用户的操作结果反馈在界面上。因此，系统界面又被称为交互界面。

系统的交互功能是决定计算机系统"友善性"的一个重要因素。交互功能主要靠输入输出设备和相应的软件来实现。可用于交互的设备主要有键盘、鼠标、各种模式识别设备等。与这些设备相关的软件就是操作系统提供交互功能的部分。交互功能主要包括控制有关设备的运行，理解并执行通过交互设备传来的各种命令。早期的交互设备是键盘、显示器。操作人员通过键盘输入命令，操作系统接收到命令后，立即执行并将结果通过显示器显示。命令的输入可以有不同方式，但每一条命令的解释是清楚的、唯一的。

交互界面设计是指通过一定的手段对产品界面进行有目标、有计划的创作，大部分为商业性质，小部分为艺术性质。交互界面通常也称为用户界面，如图1-1和图1-2所示。交互界面的设计包含用户对系统的理解（即心智模型），从而实现系统的可用性和用户友好性。

图1-1　淘宝网登录页效果　　　　　　　图1-2　支付宝网站首页效果

1.2　交互界面的历史

1959年，美国学者B.Shackel从在操纵计算机时如何才能减轻疲劳出发，提出了被认为是交互界面领域的第一篇文献的关于计算机控制台设计的工程学论文。1960年，Licklider JCR首次提出人机紧密共栖（Human-Computer Close Symbiosis）的概念，这被视为交互界面学的启蒙观点。1969年，英国剑桥大学召开了第一次人机系统国际大会，同年，国际人机研究（IJMMS）创刊，1969年是交互界面学发展史的重要时间点。

本节要点

（1）了解交互界面的起源。

（2）了解交互界面的发展过程。

1970年成立了两个交互界面研究中心：一个是英国的拉夫堡大学的HUSAT研究中心，另一个是美国Xerox公司的Palo Alto研究中心。

1970—1973年出版了4本与计算机相关的人机工程学专著，为交互界面的发展指明了方向。

20世纪80年代初期，学术界相继出版了6本专著，对当时最新的交互研究成果进行了总结。交互学科逐渐形成了自己的理论体系和实践范畴的架构。在理论体系方面，它从人机工程学独立出来，更加强调认知心理学、行为学和社会学某些人文科学的理论；在实践范畴方面，从界面（接口）拓展开来，强调计算机对于人的反馈交互作用。

20世纪90年代后期，随着高速处理芯片、多媒体技术和Internet Web技术的迅速发展和普及，交互界面的研究重点放在了智能化交互、多模态（多通道）、多媒体交互、虚拟交互以及人机协同交互等方面，也就是放在以人为中心的交互技术方面。

交互界面的发展历史是从人适应计算机到计算机不断适应人的发展史。交互界面的发展经历了以下几个阶段。

（1）早期的手工作业阶段：工业革命开始后，机器正式登上历史舞台。随着机器与人类生活结合得越来越紧密，人与机器的关系研究逐渐引起人们的重视。

（2）作业控制语言及交互命令语言阶段：人们对计算机的控制主要通过命令行实现，磁盘操作系统（Disk Operating System，DOS）就是典型的命令行系统。这个阶段的计算机操作难度较大，只有专业人员才能进行。

（3）图形用户界面（Graphical User Interface，GUI）阶段：图形化的界面取代了命令行，让计算机的操作变得可视化，也变得更加简单。

（4）网络用户界面的出现：网络的出现，让信息的形式和人们获取信息的渠道多元化。通过在软件的界面上操作，人们就可以获取网络信息。

（5）多通道、多媒体的智能交互阶段：随着科技的发展，用户与计算机交流的方式变得多种多样，如语音、手势、姿势、表情等。交互方式的自然性和高效性得到了极大提高，这同时带来了更多的挑战与机遇。

1.3　用户体验

在生活中，我们常常会使用一些产品或者享受某些服务，有时觉得得心应手，很舒心，有时又"嫌这嫌那"，很闹心。那些产品既使我们的生活变得很简单，又使我们的生活变得很复杂。对于那些产品，有时我们觉得很熟悉，有时我们又感到很陌生。我们是产品的使用者，也是产品的设计与制造者。当产品满足人们的需求时，产品的设计与制造者会得到赞扬，这就体现了良好的用户体验。

本节要点

（1）养成关注用户体验的习惯，能塑造交互方式。

（2）理解用户体验的五要素，能把用户体验五要素运用到开发流程中。

（3）通过案例理解用户体验的重要性。

（4）体验用户体验在设计中的作用，初步形成用户体验设计思想。

1.3.1　用户体验的概念

用户体验的概念

用户体验是什么？我们应该从用户、体验、用户体验这3个方面来阐述它的含义。

用户即消费者、产品的使用者、服务的对象。

体验是使不同的人以个性化的方式参与消费，在消费过程中得到情绪、体力、心理、智力、精神等方面的满足，并产生预期或比预期更为美好的感觉。而体验的核心就是顾客参与，体验产品的消费者充分发挥自身的想象力和创造力，主动参与产品的设计、创造和再加工。

用户体验主要是指"客户体验"，即用户使用产品时的全部感受。这决定着他们对产品的印象和感觉，如是否享受，是否还想再使用。

随着互联网行业的发展，网站体验日渐成熟。网站体验是指利用网络特性，为客户提供完善的网络体验，提高客户的满意度，从而与客户建立起紧密而持续的关系。

1.3.2　生活中的用户体验

在生活中，我们用到的有些产品及服务在体验方面可能让我们爱恨交加。有些产品及服务有时令我们兴奋不已，有时令我们愤怒沮丧；有时我们感觉生活如此简单，有时又觉得十分复杂。我们每天都在接触不同的产品和服务。产品与服务是为人设计和提供的，所以若产品与服务满足人的需求，就会得到赞扬和青睐，否则会受到指责和遗弃。

对于"上班族"来说，几乎工作日的早上都是被闹钟叫醒的。市面上与闹钟相关的应用比比皆是，如何选择一款适合自己的产品，就取决于用户的需求和主观感受。

当你出门上班，好不容易挤上公交车，想听听音乐舒缓情绪，但是，一手拉着拉环，一手拿着手机，操作不便时，选择哪一款音乐播放软件，取决于用户在不同的环境下，使用产品时的需求和主观感受。

当你下班了，结束了一天的工作，想和朋友一起享受休闲生活，你拿出手机准备选择一个聚会地点的时候，选择哪款产品进行预订将取决于你作为用户的体验。

网站是一种特殊的用户体验产品。它不像我们使用的水壶、座椅等具有实体形态，它是以内容为主的网站产品和以交互为主的网站应用。在网站的运用中，用户体验尤其重要。网站设计是一种比较复杂的技术，不管用户访问的是什么类型的网站，它都只提供"自助式"的服务。用户在使用网站前，没有说明书，没有使用培训，也没有客服代表来帮助解决如何使用网站的问题。用户只能依靠自己的智慧和经验，独自面对网站。

产品的良好用户体验是较重要的商业竞争力。

1.3.3　用户体验的5个层面要素

用户体验的
要素

用户体验的开发流程，就是为了确保用户使用产品时的所有体验都不会令其产生"明确的、有意识的意图"。这就是说，要考虑用户采取每一个行动的每一种可能性，并且理解在用户使用产品的过程中每一个步骤的期望值。这包含巨大的工作量，但是我们可以把开发用户体验的工作分解成各个环环相扣的组成要素，这种方式可以帮我们解决工作量过大的问题。

1. 初识用户体验的5个层面要素

用户体验的5个层面要素如下。

表现层——感知设计：一系列网页，由图片和文字组成。

框架层——界面、导航和信息设计：按钮、控件、照片和文本区域的位置，主要用于优化设计布局。

结构层——交互设计和信息架构：与框架层相比更加抽象的是结构层，框架是结构的具体表达方式；它用来设计用户如何进入某个页面，并且在他们做完事情之后去什么地方。框架层可以用于定义导航条上的各个要素的排列方式及分类，结构层则用于确定哪些类别应该出现在哪里；哪些按钮点击之后进行什么操作；栏目内容里的信息如何统筹、规划。

范围层——功能规格和内容需求：结构层所确定的网站各种特性和功能就构成了网站的范围层。

战略层——产品目标和用户需求：网站的范围基本上是由战略层决定的（网站想经营什么和用户想得到什么都是战略层的范畴）。

每一个层面都用一个图标表示，如图1-3所示。

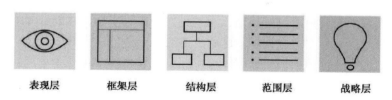

表现层　　框架层　　结构层　　范围层　　战略层

图1-3　5个层面图标示意

这5个层面提供了基本框架。在基本框架下，更容易解决用户体验的问题。每一个层面都会解决一些问题，有的抽象，有的具体。在战略层，我们不用考虑网站、产品或者服务最终呈现的样子，只关心网站如何实现战略目标，也就是满足用户的需求。在表现层，我们关心产品呈现的外观细节。基于基本框架，我们的决策一点点变得具体、清晰。

每个层面都是根据它下面的那个层面来界定的。所以表现层由框架层决定，框架层由结构层决定，结构层由范围层决定，范围层由战略层决定，环环相扣。当某一层面的决定没有和上一层面的决定保持一致时，项目常常会脱离正常轨道，完成时间也会延迟。而在开发团队试图把各个环节强行拼合在一起时，往往又会增加开发费用。因为5个层面存在依赖关系，从而可能产生某种自上而下的"连锁效应"。

但是，这也并不意味着必须在下一层面完成后，才能考虑上一层面的内容。所有决策产生的"连锁效应"都应该是双向的。所以，我们应该好好规划项目，以确保任何一个层面的工作都不能在下一层面完成之后进行，如图1-4所示。

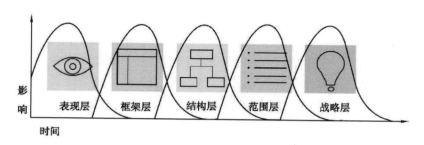

影响

表现层　　框架层　　结构层　　范围层　　战略层

时间

图1-4　层面完成时间轴

用户体验五要素将产品分成了两类，一类是功能型产品，另一类是信息型产品。对于功能型产品，主要偏向于用户通过产品功能解决问题，因此框架层关注的核心是任务，所有的操作都被容纳进一个过程，在这个过程中我们思考用户行为，研究用户该怎样进行每一个操作，把产品看成是完成一个或者一组任务的工具；而对于信息型产品，我们关注的核心是信息，产品应该提供哪些信息，这些信息对于用户而言有什么意义。因此，做用户体验开发过程时，要做好产品的定位，明确产品是功能型产品还是信息型产品。

随着国内互联网企业的发展，用户体验模块也变得异常重要。在残酷的市场竞争中，产品体验差有时对于产品本身而言将会是致命的。尤其是在涉及使用的核心环节，如支付环节体验很差，将是产品使用终结的"罪魁祸首"。但是，互联网企业也应该对用户体验保持克制，不可一味地盲从。

2. 深入理解用户体验 5 个层面要素

（1）战略层

通常产品周期很长，只有定好战略，有规划，有指导思想，才能够做好产品。在战略层需考虑"产品目标"和"用户需求"这两个要素。

① 产品目标：比如，赚一个亿；再如，先干一年，积累100万个用户。这就是产品要达到的商业目标。

② 用户需求：比如，有的用户打车困难，有的用户的车总是自己一个人开，浪费空间，所以想到共享经济，可以做个共享平台，让没车的用户坐有车的用户的车。这就是用户需求。

用户需求需要好好挖掘，可以通过问卷调查、访谈等方式挖掘用户的核心需求。为了避免我们的做法与用户需求偏离，可以对用户进行分类，把典型的用户划分种类并制作用户画像，甚至可以把用户画像打印出来挂在墙上，在以后做决定的时候想着用户的需求，这样我们就不至于做出严重偏离用户需求的决定。

产品目标是公司内部需求，用户需求是公司外部需求，它们共同组成战略层的核心内容。

（2）范围层

我们的产品要有哪些功能？例如，使用打车软件打车，用户输入出发地，就能让司机轻松地找到乘客；要给他们提供便利的支付方式，就要让乘客和司机能够通过某种联系方式交流；要能够动态地、实时地把最合适的乘客推荐给最合适的司机，就要获取双方的定位信息。

上面描述了产品功能，这就是范围层要考虑的，哪些功能要实现，哪些功能不实现，哪些先实现，哪些后实现，这些内容写下来之后就变成需求文档了，以后在开发的排期、优先级、实现不实现某个功能产生分歧的时候，都可以参考需求文档。

在战略层，解决的是为什么做的问题，在范围层，解决的是做什么的问题。那么，接下来的结构层、框架层、表现层，解决的都是怎么做的问题。它们由抽象到具体，由框架到细节，步步推进。

（3）结构层

在结构层，要考虑两个要素："交互设计"和"信息架构"。

① 交互设计指的是针对用户的操作，产品要怎么反应。

在这里有一个"概念模型"的概念，比如，在电商网站中，购物车的概念模型是现实中的购物推车，那么它就有往里面放东西、从里面移除东西等功能，在电商网站中设计购物车功能时，就可以对应考虑它与用户的交互方式。

尤其需要注意一点，设计的交互方式不要与用户默认的思维习惯相背离。比如，按用户的思维习惯，浏览器右侧的ScrollBar是用来上下滑动页面的，如果你的产品把它设计为拖动ScrollBar可放大、缩小字体，就会让用户很难接受，因为这与他们的习惯不相符。

② 信息架构是指信息的组织方式。

产品肯定会有很多内容，那么这些内容应该怎么组织起来，让用户觉得好用、易用呢？比如操作文件夹的时候，会有一个文件夹，嵌套另一个文件夹，再嵌套另一个文件夹……一共嵌套十几层文件夹的组织方式，打开这类文件夹时令人心生倦意。在进行信息架构时，可以把每个产品的内容分别当作一个节点，然后把这些节点有序地组织起来。具体的结构有层级结构、矩阵结构、自然结构、线形结构等，可以根据自己产品的特点来进行针对性的设计。

（4）框架层

结构层只是对产品的交互方式和内容组织方式进行了大概的设计。那么在框架层，就需要进一步进行设计了。框架层中包含界面设计、导航设计和信息设计。

① 界面设计：界面设计要做的是选择合适的界面交互控件，这些控件既能够让用户易于理解其含义，又能够让用户借此来圆满完成任务。

② 导航设计：导航设计要做的是让用户在使用产品的时候知道自己在什么位置，知道下一步可以到哪里，知道怎么返回上一步，避免让用户有云里雾里的感觉。具体而言，索引表、网站地图、导航链接、当前位置导航信息等，都可以是导航设计的一部分。

③ 信息设计：信息设计要做的是把各种设计元素融合在一起并呈现出来，让用户更好地理解和使用它们。

在产品设计中有一个很重要的概念：线框图。线框图是上述的界面设计、导航设计和信息设计三者的综合体现，是产品的雏形和大致形态。需要注意的是，线框图与产品原型略有差别，产品原型是对线框图更细致描述的产品体现，产品原型要求必须有交互，而线框图则可以是静态的，没有交互也可以，如图1-5所示。

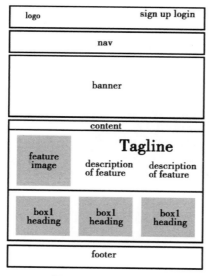

图1-5　网站线框图

（5）表现层

表现层可以让用户真真切切地感受到产品的外在表现，这是离用户最近的一层。在这一层，可以通过设计产品的配色方案、排版、对比、风格等，充分研究和使用用户的感知方式（如嗅觉、味觉、触觉、视觉、听觉等），将产品的风格完整呈献给用户，如图1-6所示。

图1-6　网页界面

产品开发过程中，要做好用户体验5个层面要素的设计，必须做好产品调研。按照调研者在组织调查样本过程中的行为特点来划分，调研过程可划分为4个阶段。

① 主动调研阶段：调研者主动组织调研样本，完成统计调查分析。

② 被动调研阶段：调研者被动地等待调查样本造访或提供信息完成统计调查分析。

按收集信息所采用的技术手段划分，调研方法可分为：站点法、电子邮件法、随机IP法、视频会议法。按收集信息的方法划分，调研方法可分为：网上问卷调研法、网上讨论法、网上观察法。

　　网络市场调研的关键是规划好6W2H。

　　WHO：谁从事某项工作，责任人是谁，对人员的学历、专业知识与技能、经验以及职业化素养等资格要求。

　　WHAT：做什么，即本职工作或工作内容是什么，负什么责任。

　　WHOM：为谁做，即顾客是谁。这里的顾客不仅指企业外部的客户，还指企业内部的员工，包括与从事相应工作的人有直接关系的人：直接上级、下级、同事、客户等。

　　WHY：为什么做，即工作对其从事者的意义所在。

　　WHEN：工作的时间。

　　WHERE：工作的地点、环境等。

　　HOW：如何从事或者要求如何从事某项工作，即工作程序、规范，以及从事某工作所需的权限。

　　HOW MUCH：为某项工作所需支付的费用、报酬等。

　　③ 实施阶段：主要工作是查询调研对象、编写调研问卷。

　　注意：与传统方式相结合，如搜集资料、设计调查表格、设计抽样、实地调查。

　　④ 结果处理和分析阶段：把调查信息存入数据库，通过数据库和分析策略提取所需资料；编写调查报告，为网络营销提出建议和意见；事后追踪调查。

1.3.4　用户体验案例

用户体验
案例

　　用户体验固然重要，但是将其在系统设计中体现出来，是需要时间的磨炼和经验的积累的。

案例一：数据排序与显示的用户体验

　　这里有一组数据，让人有点摸不着头脑，如图1-7所示。有人说它是红包数据，也有人说它是股票数据，这样的数据没有任何排列规律，也没有解释说明的语句。看到这种混乱的数据，大多数人都会感到头昏眼花，不再想它是什么。

```
              3.80      3.02              6.21
   3.17   3.66      0.20          1.37    3.65    9.33
                      3.78            0.85

   2.51   0.19    3.06   5.35              2.47
                2.86    1.53    3.42          5.70
   2.66   4.22    0.11    1.22   2.88    1.22
              4.03   3.59            2.41    2.92
   2.01          3.82    3.17    5.64
       2.69   0.05            3.09    1.59    3.90
              0.03   3.41
       3.32              3.77
   1.83          4.35    3.64    3.30    3.25    7.58
       1.36      2.08
           1.94    5.65      6.00          3.80
   7.63   2.39      2.85      3.65    1.84
```

图1-7　混乱的数据

把图1-7中的数字按照一定的顺序排列起来，如图1-8所示。

```
4.35 3.17 3.06 1.37 0.19 0.11 0.03 0.05 0.20 1.22 2.86 3.09
5.35 4.03 3.77 2.51 1.84 1.59 0.85 1.22 1.94 3.25 5.65 6.00
1.53 1.36 2.69 3.64 3.32 3.78 3.66 4.22 3.82 2.41 2.92 2.47
3.17 3.02 3.59 3.90 3.80 3.65 3.80 3.41 3.30 2.88 3.65 3.42
2.01 2.08 2.39 2.85 6.21 9.33 5.70 7.58 7.63 5.64 2.66 1.83
```

图1-8　排列整齐的数据

排序后，虽然我们还是猜不出它是什么数据，但是至少不会头昏眼花，甚至愿意花一些时间观察、研究它到底是什么数据。我们再给数据加一些解释说明的语句，如图1-9所示。

平均降水量（厘米/月）

	1月	2月	3月	4月	5月	6月	7月	8月	9月	10月	11月	12月
北京	4.35	3.17	3.06	1.37	0.19	0.11	0.03	0.05	0.20	1.22	2.86	3.09
上海	5.35	4.03	3.77	2.51	1.84	1.59	0.85	1.22	1.94	3.25	5.65	6.00
杭州	1.53	1.36	2.69	3.64	3.32	3.78	3.66	4.22	3.82	2.41	2.92	2.47
广州	3.17	3.02	3.59	3.90	3.80	3.65	3.80	3.41	3.30	2.88	3.65	3.42
厦门	2.01	2.08	2.39	2.85	6.21	9.33	5.70	7.58	7.63	5.64	2.66	1.83
兰州	1.53	1.36	2.69	3.64	3.32	3.78	3.66	4.22	3.82	2.41	2.92	2.47
拉萨	3.17	3.02	3.59	3.90	3.80	3.65	3.80	3.41	3.30	2.88	3.65	3.42

图1-9　平均降水量数据

现在数据已经很清楚了，是城市每个月平均降水量的数据。但是作为一个普通的用户，看图1-9的真正目的并不是看那些密密麻麻的数据，而是想知道某个城市一年之中，哪几个月降水量多，哪几个月降水量少。通过图1-9虽然可以很清楚地知道城市和降水的具体数据，但是对于普通用户而言，还是不能很直观地看出具体降水量的差别，用户体验很差。那么怎样才能提供良好的用户体验呢？我们不妨试试，用色块来表示降水量数据，如图1-10所示。

平均降水量（厘米/月）

	1月	2月	3月	4月	5月	6月	7月	8月	9月	10月	11月	12月
北京	4.35	3.17	3.06	1.37	0.19	0.03	0.06	0.05	0.20	1.22	2.86	3.09
上海	5.35	4.03	3.77	2.51	1.84	1.59	0.85	1.22	1.94	3.25	5.65	6.00
杭州	1.53	1.36	2.69	3.64	3.32	3.78	3.66	4.22	3.82	2.41	2.92	2.47
广州	3.17	3.02	3.59	3.90	3.80	3.65	3.80	3.41	3.30	2.88	3.65	4.42
厦门	2.01	2.08	2.39	2.85	6.21	9.33	5.70	7.58	7.63	5.64	2.66	1.83

图1-10　平均降水量数据（用色块表示）

在图1-10中，色彩的深浅能够突出降水量的多少。但是密密麻麻的数据还是会干扰用户更直接地理解色块的意思。用户往往是"懒惰"的，他们只想要最快地达到目的，不想有多余的思考。那么，从用户的目标来分析，把降水量数据转换为雨滴图标是否会更清晰呢？转换后如图1-11所示。

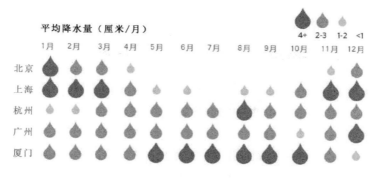

图1-11 平均降水量数据（用图标表示）

对于普通用户来说，降水量的具体数据并不是他们最关心的，他们只需要知道降水量的多与少。图1-11能够让用户更直观地观察到降水量的多少，具体数据也可以通过右上角的解释了解到，能够快、准、细地给用户提供信息。

案例二：分析美图秀秀和 Photoshop 界面的用户体验

（1）美图秀秀

美图秀秀的目标用户大部分可能是女性。一个典型应用场景是用户用手机自拍，通过美图秀秀软件把照片中的自己变得更美一些，然后发到朋友圈。大部分普通用户可能并没学过设计或者美术，可能也不太懂摄影，但是美图秀秀可以让他们只通过简单的"点、按、选择"，就能把自己的照片变美。这不需要过多的思考，也不需要专业知识，所以在这个应用场景中，它的用户体验是良好的。

（2）Photoshop

但Photoshop的目标用户大多数并不是上述的女性用户，而是专业的设计师。对于一个专业的设计师来说，用Photoshop工作"能够最大限度地帮助设计师表达他们的创意"才是最好的用户体验。为了做到这一点，专业的设计师并不介意深入地学习这个软件的使用方法。从易用性来看，Photoshop显然不够易用，但对于专业设计师来说，它的用户体验太棒了。

在现代的电子产品中，图形界面已经应用得非常广泛。一般认为，图形界面更加生动、易用、易学。从这个角度看，图形界面的用户体验是良好的。但是如果你问一个专业的运维工程师，他们配置服务器时用图形界面还是命令行，则他们基本上都会回答命令行。相比于图形界面，命令行的易用性太差了，不学习根本不会用。但是对于专业的运维工程师来说，命令行更加简洁、精确和高效。他们使用命令行可以提升工作效率，可以更快、更好地完成工作。

1.4 交互界面设计基本流程

交互界面的诞生需要经过严谨而规范的流程。虽然实际项目中可能会弱化甚至去掉某些步骤，但是这样可能会造成交互界面偏离需求。因此，我们建议按照规范流程进行交互界面设计。

本节要点

（1）能列举交互界面设计基本流程，并能阐述流程各个阶段的作用。

（2）初步具备交互界面规范流程意识。

交互界面设计基本流程共分为6个阶段，分别为需求阶段、分析设计阶段、调研阶段、方案改进阶段、构建原型阶段、用户验证阶段。

1. 需求阶段

软件产品属于工业产品的范畴，依然离不开使用者、使用环境、使用方式的需求分析。所以在设计一个软件产品之前，我们应该明确什么人用（明确用户的年龄、性别、爱好、收入、教育程度等），什么地方用（如在办公室/家庭/厂房车间/公共场所等地方使用），如何用（通过鼠标键盘/遥控器/触摸屏等设备使用）。上面的任何一个要素改变，产品设计结果都会有相应的改变。

识别和理解目标用户是产品设计的第一步，同样重要的是分析市场上类似的产品，分析类似产品针对的用户群，甄别其是否为竞争对手，这些工作对于设计非常有借鉴意义。理解其他产品的过程有利于比较和理解自己产品目标用户的需求。

另外，非常有价值的方法是对用户使用产品的过程进行情节描述，考虑不同环境、工具和用户可能遇到的各种限制。可能的话，可深入实际的使用场景观察用户执行任务的过程，找到有利于用户操作的设计。

通过一些方法寻找符合目标用户条件的人来测试原型，听取他们的反馈，并努力让用户说出他们的关注点。和用户一起设计，而不是只通过自己的猜测进行设计。

通常情况下，软件研发和界面设计人员对产品的了解和细节的把握比用户要精细得多，虽然这些知识对类似设置缺省状态或者提供最佳信息非常有帮助，但是产品通常不是设计给自己用的，不是为满足自己的需求或符合自己的习惯而设计的，而是为目标用户或者潜在用户设计的。

除此之外，在需求阶段，同类竞争产品也是我们必须了解的。同类产品比我们的产品提前问世，我们的产品要比其做得更好才有存在的价值。单纯地从界面美学考虑哪个好，哪个不好，这不是一个很客观的评价标准，适合最终用户的就是最好的。

2. 分析设计阶段

分析上一阶段的需求后，进入分析设计阶段，也就是方案形成阶段。我们设计出几套不同风格的界面用于挑选。完成用户模型定义后，需要定义和分析用户将执行的任务，寻找与任务相关的用户心智和概念模型。心智模型体现任务场景，定义任务包含的具体内容和用户的期望，确定任务之间的组织关系和与其适应的工作流程。

观察用户在不使用计算机的状态下怎样完成任务、使用什么术语，与任务相关的概念、物体、手势等，设计产品反映这些事物，但不是机械地复制。充分利用计算机环境固有的优势使分析设计整个过程和方法更加简单，并得到优化。

3. 调研阶段

调研阶段正式开始前，我们应该对测试的具体细节进行清楚的分析描述。调研阶段需要从以下几个问题出发。

用户对各套方案的第一印象如何？用户对各套方案的综合印象如何？用户对各套方案的单独评价如何？用户选出最喜欢的方案，以及其次喜欢的方案；对各方案的色彩、文字、图形等分别打分。请所有用户说出最喜欢的方案的优缺点。所有这些调研结果都需要用图形表达出来，这样比较直观科学。

网络市场调研是目前常用的调研方式。它是利用因特网针对特定的市场问题进行调查设计、收集信息、整理信息、分析信息。按照调研所收集信息的来源，网络市场调研方法可分为以下两类。

① 对原始资料的调研，其优点是可靠性高，缺点是工作量大。

② 对二手资料的调研，其优点是工作量小，缺点是及时性、可靠性、实用性较差。

4. 方案改进阶段

经过调研阶段，确认目标用户最喜欢的方案，而且要了解用户为什么喜欢该方案，还有什么对产品的建议等。这时候我们可以把精力投入该方案的改进中，将方案做得细致精美。

5. 构建原型阶段

在完成用户目标和任务分析之后，使用关于任务及其步骤的信息构建草图，进而构建产品原型。原型是很好的测试方法。它能够帮助我们检验设计能在多大程度上契合用户的操作。可以使用各种各样的办法构建原型，例如，可以使用故事板来可视化用户使用产品的过程，也可以使用原型工具来模拟过程，以说明产品是如何运行的。

原型只是快速构建的，作为改进设计的手段。如果构建原型使用了代码，则其中有很多不完善之处，要尽量避免在最终产品中使用这些代码。

6. 用户验证阶段

对于改进后的方案，我们可以将其推向市场。但是设计并没有结束，我们还需要关注用户反馈，好的设计师应该在产品上市以后去“站柜台”，可以请一些目标用户试用，仔细观察用户在执行特定任务时的反应是否与设计定义的一致，最好用摄像机记录下来。观察用户有助于发现设计是否合理和存在的问题。

用户验证阶段注意把范围限定在产品应用的关键领域，着重对分析设计阶段的重点任务进行检验，对参与者的指导必须清晰而全面，但不能向用户解释所要验证的任务内容。

使用测试获得的信息来分析设计，进而修正和优化原型。当有了第二个原型之后，就可以开始第二轮测试来检验设计改变之后的可用性。可以不断地重复这个过程，直到对产品满意为止，使产品具有优秀产品的特质，成为满足目标用户需求的高适用性产品。

1.5　本章小结

本章主要介绍了交互界面设计中的概念、起源和发展，并介绍了用户体验的相关概念。通过一些简单案例，展示了用户体验的5个层面要素在交互界面设计中的应用，以及交互界面设计的6个阶段。

1.6　本章习题

1. 选择题

（1）交互界面设计的基本流程是（　　）。

    A. 需求分析；测试验证；构建原型；调研改进

    B. 需求分析；构建原型；测试验证；调研改进

    C. 需求分析；调研改进；构建原型；测试验证

    D. 调研改进；构建原型；需求分析；测试验证

（2）现在软件产品之间的竞争，更注重的是（　　）。

    A. 功能性的竞争　　　　　　　　B. 界面设计的竞争

    C. 用户体验的竞争　　　　　　　　D. 软件体积的竞争

2. 简答题

（1）什么是交互界面？

（2）什么是用户体验？

（3）用户体验要素有哪些？

（4）交互界面设计基本流程是什么？

（5）提高一个网站的用户体验可以从哪些地方入手？

3. 操作题

针对即将建设的"我的大学"App，请根据网络市场调研需求，理解用户体验的5个层面要素，并绘制两张具有代表性的线框图。

第 2 章

Web 交互界面设计基础

交互界面是屏幕产品的重要组成部分。交互界面设计是一个复杂的、有不同学科参与的工程，认知心理学、设计学、语言学等都在此扮演着重要的角色。交互界面设计的三大原则是：置界面于用户的控制之下；减少用户的记忆负担；保持界面的一致性，即要符合用户的心智模型。

2.1　设计思路

在用户使用网页或软件的时候，他们都是有明确的目标的，想利用计算机来帮助自己达成目标。用户在完成目标的过程中，只专注于目标，所以交互界面设计者应该创造良好的环境，以便用户快捷、愉快地达成目标。

本节要点

（1）熟悉交互界面设计思路。

（2）能够阐述交互界面的设计思路。

设计基本原则和基本准则可为设计师在进行交互界面设计时提供基本思路，以便更快地完成设计目标。

1. 显著标识当前状态或当前位置

当用户无法识别自己所处的状态时，将会出现短期心理压力以及精神无法集中的现象，从而不能很好地完成目标。

2. 引导用户完成他们的目标任务

例如，用户使用电子商城网站，目标是买手机，那么当用户第一次登录电子商城网站，通过站内搜索找到手机并选择某个商家后，此时的交互设计主要用于引导用户付款。目前的电子商城网站，都会根据用户之前的操作，当用户再次登录时，会推送用户浏览过的商品，极大程度地方便用户再次查找，并能激起用户的购买欲望。

3. 不要让用户诊断系统问题

现在已经有越来越多的网站在解决系统问题，比如404页面的呈现。现在很多网站在报404错误时，会显示让用户能够理解的页面，而不再是之前的乱码。

4. 符合用户使用习惯

培养用户使用习惯，不仅会让企业花费大量的资金，而且未必能得到良好的效果。即使用户从未接触过的系统功能，设计者也可以在某种程度上使用用户习惯的方式进行设计。用户使用操作系统以及应用软件的习惯在设计时可以借鉴。

2.2　设计要素

交互界面由文字、颜色、布局等构成，界面中的任何一个要素对用户都是至关重要的。在重视设计要素特点的同时，还应该对界面整体有统一的认识。

本节要点

（1）能阐述交互界面设计要素。

（2）能运用设计要素完成交互界面艺术设计。

（3）养成关注用户体验的习惯，能塑造交互方式。

1. 字体

界面中的文字可有多种字体样式呈现。字体的设置应符合以下几点。

（1）使用统一字体，字体的选择由操作系统类型决定。

（2）中文采用标准字体宋体，英文采用标准字体Microsoft Sans Serif（MSS），不考虑特殊字体（隶书、草书等在特殊情况下可以使用图片取代），保证每个用户使用时显示都正常。

（3）字体大小根据系统标准字体来设置，例如，MSS字体8磅，宋体的小五号字（9磅）或五号字（10.5磅）。

（4）所有控件尽量使用统一的字体属性，除了特殊提示信息、加强显示等例外情况，所有控件默认使用系统字体，不允许修改，这样有利于统一调整。

（5）系统字体大小属性改变设置的处理根据用户的设置可以改变。Windows系统有个桌面设置，可以设置大字体属性，很多界面设计者常常为这个恼火。设计时遵循微软的标准，全部使用相对大小作为控件的大小设置，当切换大小字体时，相对不会有什么特殊问题。但是由于常常使用点阵作为窗口设计单位，改变大字体后，会出现版面混乱的问题。在这种情况下，应该作如下相应处理。

① 写程序自动调节大小，点阵值乘一个相应比例。

② 全部采用点阵作为单位，不理会系统字体的调节，这样可以减少调节大字体带来的麻烦。BCB/DELPHI多采用这种方法，但是产生的必然结果就是与系统不统一。

2. 文字表达

提示信息、帮助文档的文字表达遵循以下原则。

（1）口语化，客气，多用"您""请"，不要用或者少用专业术语，杜绝错别字。

（2）注意断句，以及逗号、句号、顿号、分号的用法，若提示信息比较多，则应该分段。

（3）警告、信息、错误使用对应的表示方法。

（4）使用统一的描述语言，例如，一个具有关闭功能的按钮可以描述为退出、返回、关闭，但应该统一规定。

（5）对不同用户采用相应的词语、语气、语调，例如，专用软件中可以出现很多专业术语；对儿童用户，语气可以亲切和蔼，对老年用户则应该成熟稳重。

3. 颜色

颜色要使用恰当，应遵循以下原则。

（1）统一色调，针对软件类型以及用户工作环境选择恰当的色调。例如，安全软件根据工业标准，可以选取黄色；绿色体现环保，蓝色表现时尚，紫色表现浪漫等；浅色使人舒适，暗色做背景使人不容易视觉疲劳等。如果没有自己的系列界面，则采用标准界面，可以少考虑此方面的问题，做到与操作系统统一，读取系统标准色表即可。

（2）对于色盲、色弱用户，即使使用了特殊颜色标识重点或者特别的东西，也应该使用特殊指示符、着重号，以及图标等。

（3）颜色方案也需要测试，由于显示器、显卡的不同，每台机器的色彩表现都不一样，因此颜色方案应该经过严格测试，对不同机器进行颜色测试。

（4）遵循对比原则：在浅色背景上使用深色文字，在深色背景上使用浅色文字；蓝色文字在白色背景下容易识别，而在红色背景下则不易分辨，原因是红色和蓝色没有足够的反差，而蓝色和白色反差很大；除非特殊场合，否则杜绝使用对比强烈、让人产生憎恶感的颜色。

（5）整个界面尽量少使用类别不同的颜色。

4. 色表

色表的具体标准参考美术学、统计学标准。色表对于美工在图案设计、包装设计上起着标准参考作用，对于程序界面设计人员设计控件、窗体调色起到有章可循的作用。

5. 图形

一个多姿多彩的交互界面少不了精美的鼠标指针、图标，以及指示图片、底图等。

（1）遵循统一的规则，包括上述色表的建立，图标的建立步骤也应该尽可能有一定的标准，参考iTop的OutlookBar图标设计标准。

（2）有统一的图标设计风格，统一的构图布局，以及统一的色调、对比度、色阶和图片风格。

（3）图标应该融合于底图，尽量使用浅色和对比度低的颜色。

（4）图标、指示图片应该很清晰地表达意思，遵循常用标准，用户可以极其容易联想到相关物件，绝对不允许使用莫名其妙的图案。

（5）鼠标指针样式统一，尽量使用系统标准，杜绝出现重复的情况，例如，某些软件中一个手的形状就有4种不同的样式。

6. 控件风格

应设计同一风格的控件，如果没有能力设计出一套控件，则可使用标准控件，绝对不能使用杂乱无章的控件。

（1）不要错误地使用控件，例如，不能使用按钮样式做选项卡的功能样式，不能用主菜单条显示版权信息。

（2）同一类型控件的操作方式相同，例如，双击一个控件可以执行某些操作，而同一类型的控件双击却没有任何反应，这是不允许的。

（3）一个控件只用于实现单一功能，不复用。很多人为了写程序方便，喜欢让一个控件在不同情况下实现不同功能，这给用户初次使用增加了难度。

7. 布局

（1）屏幕不能拥挤。拥挤的屏幕不便于使用。Mayhew在1992年的试验结果表明屏幕总体覆盖度不应该超过40%，而分组的总覆盖度不应该超过62%。界面总体不能太拥挤，也不能太松散。整个项目采用统一的控件间距，通过调整窗体大小达到一致，在窗体大小不变的情况下，宁可留空部分区域，也不要破坏控件的行间距。

（2）区域排列。一行控件纵向居中对齐，控件间距基本保持一致，行与行的间距相同，靠窗体边框距离应大于行间距（间距加边缘留空）。当屏幕有多个编辑区域时，要以用户的视觉效果来排列这些区域。

（3）数据要适当对齐。说明文字的中文版应使用中文全角冒号。文字纵向对齐时，要沿着冒号右对齐。纵向排列的控件宽度尽量保持相同，并左对齐。例如，金额等数据应根据小数点对齐，或者右对齐。

（4）有效组合。逻辑上相关联的控件应当加以组合，以表示其关联性，而任何不相关的控件应当分隔开。在项目集合中，用间隔对其进行分组，或使用方框划分各自区域。

（5）窗口缩放时，为防止界面出现跑版，或者布局不当的情况，其解决方法如下。

① 固定窗口大小，不允许改变其尺寸。

② 可以改变尺寸的窗口，在OnSize设置时要做控件位置、大小相应改变的设置。

2.3 设计基本原则与基本准则

交互界面作为信息的一种载体，同出版物如报纸、杂志等在设计上有许多共同之处，也应遵循共同的基本设计原则，综合运用平面构成原理和形式法则。但交互界面作为一种特殊媒介，由于网络媒体表现形式、运行方式和社会功能的不同，其设计又有自身的特点和规律。交互界面设计应时刻围绕"信息传达"这一主题来进行，因此从根本上来看，它是以功能性为主的设计。进行交互界面设计时，除了要注意设计思路与设计元素，也需要遵循基本的设计原则与准则。

本节要点

（1）熟悉交互界面设计的基本原则。

（2）理解交互界面设计的基本准则。

2.3.1　基本原则

　　无论是控件使用、提示信息，还是颜色、布局风格，都应遵循统一的标准，做到真正的一致。这样的好处如下。

　　（1）用户使用起来能够建立精确的心理模型，使用熟练一个界面后，切换到另外一个界面也能够很轻松地推测出各种功能的用法。

　　（2）降低培训、支持成本，技术支持人员不用费力逐个指导。

　　（3）给用户统一的视觉体验，使用户感受良好、心情愉快，支持度增加。

　　具体的原则如下。

　　（1）用户导向：以用户为中心，设计界面时先要明确谁是使用者，要站在用户的观点和立场上设计软件。要做到这一点，必须和用户沟通，了解他们的需求、目标、期望和偏好等。

　　（2）拥有良好的直觉特征：界面要简洁和易于操作。该原则一般的要求是网页的加载时间不要超过10s；尽量使用文本链接，减少大幅图片和动画的使用；操作设计尽量简单，并且有明确的操作提示；软件所有的内容和服务都在显眼处向用户说明等。

　　（3）布局控制：界面排版布局要灵活，便于浏览。

　　（4）视觉平衡：设计交互界面时，合理分配各种要素（如图形、文字、空白），尽量达到视觉上的平衡。注意屏幕上下左右的平衡，不要堆叠数据。过分拥挤的界面会使用户产生视觉疲劳，接收错误信息。网页设计要简单且美观。

　　（5）颜色的搭配和文字的可阅读性：颜色是影响界面的重要因素，不同颜色对人的感觉有不同的影响。正文字体尽量使用常用字体，以便于阅读。

　　（6）和谐：软件界面的各种要素（颜色、字体、图形、空白等）应使用一定的规格，设计良好的界面看起来应该是和谐的。

　　（7）个性化：界面的整体风格和整体气氛表达要与产品定位相符合，并应该能很好地为产品服务。

2.3.2　基本准则

　　当用户在使用网站完成目标任务时，可能不会仔细检查并阅读屏幕上的每一个词，他们只会很快地扫描相关信息，并将注意力放在他们关心的信息上。因此，交互界面设计师进行网站设计时，应该以简洁的思路和结构化的方式呈现网站内容或页面结构，方便用户浏览并理解，提高用户体验。

　　交互界面设计的9个准则如下。

　　（1）准则一：专注于用户和他们的任务，而不是技术。

　　设计者要了解用户、了解用户执行的任务、考虑软件运行环境。

　　（2）准则二：先考虑功能，再考虑展示效果。

　　设计者可先开发一个概念模型。

　　（3）准则三：与用户看任务的角度一致。

　　交互界面要争取尽可能自然：使用用户所用的词汇，而不是自己创造的。要对应用进行封装设计，不暴露程序的内部运作情况。

（4）准则四：不要把用户的任务复杂化。

不给用户额外的问题；清除那些用户经过推导才会用的东西。

（5）准则五：为常见而设计。

保证常见的结果容易实现（常见分为两类，即"很多人"与"很经常"）；为核心情况而设计，不要纠结于"边缘"情况。

（6）准则六：为响应度而设计。

即刻确认用户的操作；让用户知道软件是否在忙；在等待时允许用户做别的事情；动画要做到平滑和清晰；让用户能够终止长时间的操作；让用户能够预计操作所需的时间；尽可能让用户来掌控自己的工作节奏。

（7）准则七：方便学习。

"从外向内"而不是"从内向外"思考；一致，一致，还是一致；提供一个低风险的学习环境。

（8）准则八：传递信息，而不是数据。

仔细设计显示，争取专业的帮助；屏幕是用户的；保持显示的惯性。

（9）准则九：让用户试用后再修改。

测试结果会让设计者（甚至是经验丰富的设计者）感到惊讶；安排时间纠正测试发现的问题；测试有两个目的：信息目的和社会目的；每一个阶段和每一个目标都要测试。

2.4 设计工具

所谓"工欲善其事，必先利其器"，交互界面的设计工具有很多，我们常用的是Adobe公司的Photoshop图像处理软件。

本节要点

（1）能运用相关软件完成交互界面设计的工作任务。

（2）养成规范的设计思维，能塑造符合形式美法则和开发规范的界面。

Adobe Photoshop简称"PS"，是由Adobe Systems开发和发行的图像处理软件。Photoshop主要处理由像素构成的数字图像。设计者使用其众多的编辑与绘图工具，可以有效地进行图片的编辑工作。Photoshop有很多功能，涉及图像、文字、视频、出版等多个方面。

Photoshop作为知名的设计软件之一，是我们领略交互界面的窗口。

2.4.1 Photoshop概述

1. Photoshop 的工作界面

启动Photoshop后，进入其工作界面，如图2-1所示。

图2-1 Photoshop工作界面

（1）菜单栏

标题栏位于工作界面顶端，最左边是Photoshop图标，右边分别是"最小化""最大化/还原"和"关闭"按钮。中间包括"文件""编辑""图像""图层""类型""选择""滤镜""视图""窗口"和"帮助"10个菜单，如图2-2所示。

图2-2 Photoshop菜单栏

（2）属性栏

选中某个工具后，属性栏（又称工具选项卡）就会显示相应的选项，如图2-3所示，可更改相应的选项。

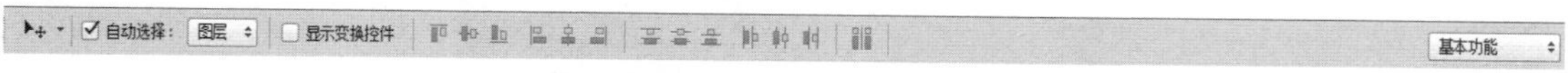

图2-3 Photoshop属性栏

（3）图像编辑区域+标题栏

图像编辑区域位于工作界面中间，它是Photoshop的主要工作区，用于显示图像文件，如图2-4所示。图像编辑区域的标题栏，提供了打开文件的基本信息，如文件名、缩放比例、颜色模式等。如果同时打开两幅图像，则可单击切换图像编辑区域，也可以使用"Ctrl+Tab"组合键。

（4）状态栏

工作界面底部是状态栏，由以下几个部分组成。

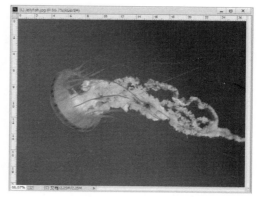

图2-4 Photoshop图像编辑区域

文本行：包含当前所选工具和所进行操作的相关信息。

缩放栏：包含当前图像编辑区域的显示比例，用户也可在其中输入数值后按"Enter"键来改变显示比例。

预览框：单击右边的黑色三角按钮，在弹出的菜单中选择任意命令，相应的信息就会在预览框中显示。

文档大小：表示当前显示图像的文件尺寸。左侧的数字表示图像在不含任何图层和通道等数据情况下的尺寸，右侧的数字表示当前图像的全部文件尺寸。

文档配置文件：将显示文件的颜色模式。

文档尺寸：将显示文档的大小（宽度和高度）。

暂存盘大小：已用和可用内存大小。

效率：Photoshop的工作效率，低于60%表示计算机硬盘可能已无法满足Photoshop的工作要求。

计时：执行上一次操作所花费的时间。

（5）工具箱和控制面板

工具箱中的工具可用来绘画，选择、编辑和查看图像。拖动工具箱的标题栏可移动工具箱。选中某工具，属性栏会显示该工具的属性。有些工具的右下角有一个三角形按钮，这表示在该工具位置上存在一个工具组，其中包括若干个相关工具。单击左上角的双向箭头可以将工具箱变为单条竖排的形式，再次单击则会将其还原为两竖排的形式。

控制面板共有14个，可通过"窗口"-"显示"来显示面板。按"Tab"键，可自动隐藏控制面板、属性栏和工具箱，再次按"Tab"键，可显示以上组件。按"Shift+Tab"组合键，隐藏控制面板，保留工具箱。

工具箱和控制面板如图2-5所示。

图2-5　Photoshop工具箱和控制面板

2. Photoshop 的具体应用领域

Photoshop的应用领域很广泛，涉及图像处理、视频、出版等领域。

平面设计：平面设计是Photoshop应用最为广泛的领域之一，无论是我们阅读的图书的封面，还是大街上看到的招贴、海报，这些具有丰富图像的平面印刷品基本上都需要使用Photoshop软件对图像进行处理。

照片修复：Photoshop具有强大的图像修饰功能。利用这些功能，可以快速修复破损的老照片，也可以修复照片人脸上的斑点等。随着数码电子产品的普及，图形图像处理技术逐渐被越来越多的人应用，如美化照片、制作个性化的影集、修复损毁的图片等。

广告摄影：广告摄影作为一种对视觉效果要求非常严格的工作，其最终成品往往要经过Photoshop的修改才能得到满意的效果。广告的构思与表现形式是密切相关的，有了好的构思后，需要通过Photoshop软件来实现。大多数的广告都是通过图像合成与特效技术来完成的，以更加准确地表达广告的主题。

包装设计：包装作为产品的第一形象最先展现在顾客眼前，被称为"无声的销售员"，只有在顾客被产品包装吸引后，才可能决定是否购买，可见包装设计是非常重要的。Photoshop的图像合成和特效的运用使得产品在琳琅满目的货架上更显眼，达到吸引顾客的效果。

插画设计：Photoshop使很多人开始采用计算机图形设计工具创作插图。计算机图形软件功能使他们的创作才能得到更大的发挥空间，无论是简洁还是繁复，无论是油画、水彩、版画还是数字图画，使用Photoshop都可以更方便、更快捷地完成。

影像创意：影像创意是Photoshop的特长，通过Photoshop的处理可以将原本风马牛不相及的对象组合在一起，也可以使用"狸猫换太子"的手段使图像发生巨大变化。

艺术文字：利用Photoshop可以使文字发生各种各样的变化，利用这些艺术化处理后的文字可为图像增加效果。利用Photoshop对文字进行创意设计，可以使文字更加美观，个性极强，使得文字的感染力大大加强。

网页设计：网络的普及是促使更多人需要掌握Photoshop的一个重要原因。因为在制作网页时，Photoshop是必不可少的网页图像处理软件。

建筑后期效果图制作：当制作的建筑效果图包括许多3D场景时，人物与配景，包括场景的颜色常常需要在Photoshop中设计并调整。

绘画：由于Photoshop具有良好的绘画与调色功能，许多插画设计者往往使用铅笔绘制草稿，然后用Photoshop填色的方法来绘制插画。

三维渲染贴图：在三维软件中能够制作出精良的模型，却无法为模型应用逼真的贴图，也无法得到较好的渲染效果。实际上在制作材质时，除了依靠软件本身的材质功能外，还可利用Photoshop制作在三维软件中无法制作的合适的材质。

视觉创意设计：视觉创意设计是设计艺术的一个分支，此类设计通常没有非常明显的商业目的，但由于它为广大设计爱好者提供了广阔的设计空间，因此越来越多的设计爱好者开始学习Photoshop，并进行具有个人特色与风格的视觉创意。视觉设计给观者强大的视觉冲击，引发观者的无限联想，在视觉上给观者极高的享受。这类设计作品的主要制作工具当属Photoshop。

　　图标设计：虽然使用Photoshop制作图标可能让人感觉有些大材小用，但使用此软件制作的图标非常精美。

　　交互界面设计：交互界面设计是一个新兴的领域，已经受到越来越多的软件企业及开发者的重视，越来越多的设计人员都使用Photoshop软件进行界面设计。

2.4.2　图层基本操作

1. 图层的概念

Photoshop
图层基本操作

　　图层功能被誉为Photoshop的灵魂，它在图像处理中占据十分重要的地位。

　　在Photoshop中，一幅图像通常是由多个不同类型的图层通过一定的组合方式自下而上叠放在一起组成的。它们的叠放顺序和混合方式直接影响着图像的显示效果。图层就好比一层透明的玻璃纸，透过这层纸，可以看到纸后面的东西，而且无论在这层纸上如何涂画，都不会影响到其他层中的内容。图层面板是用来控制图层的工具，它不仅可以建立、删除图层以及调整各个图层的叠放顺序，还可以将各个图层混合处理，产生许多意想不到的效果。图层面板和相应的图层结构如图2-6所示。

图2-6　图层面板和相应的图层结构

2. 新建图层

　　在Photoshop中要实现图层的应用，要先新建背景图层。而图层面板中最下面的图层为背景图层。一幅图像只能有一个背景图层。Photoshop无法更改背景图层的堆叠顺序、混合模式或不透明度。但是，可以将背景图层转换为常规图层。

　　新建图层的方法有多种，可以通过菜单栏的"文件"-"新建"，还可以按"Ctrl+N"组合键。

　　可以在"新建"窗口中设置图像的宽度、高度、分辨率和颜色模式。通常网页的尺寸单位为像素（px），色彩模式为RGB，分辨率有72dpi和96dpi两种。创建新图像时，如果勾选了"透明"，则该图像没有背景，最下面的图层将不像背景图层那样受到限制，可以将它移到图层面板的任何位置，也可以更改其不透明度和混合模式。新建的背景图层是被锁定的。

3. 移动图层

在图层面板中按住鼠标左键将要移动的图层拖到想要的位置后，松开鼠标左键即可移动图层，此时图层的位置已改变，如图2-7所示。

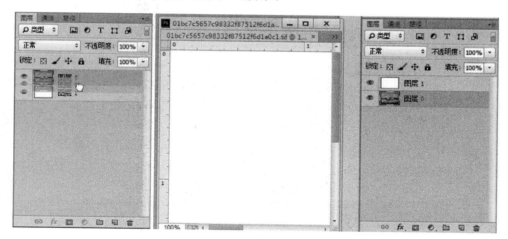

图2-7   移动图层效果

4. 复制图层

在同一图像内复制图层最简便的方法是，将图层拖动到图层面板底部的"创建新的图层"按钮上，按组合键"Ctrl+J"也可复制图层，新图层根据其创建顺序被命名。

Photoshop还可在图像之间进行图层的复制，首先打开要使用的两个图像，然后在源图像中激活要复制的图层。复制图层的方法有以下3种。

（1）选择"选择"－"全部"，或者按"Ctrl+A"组合键，即可选择当前图层中的所有像素。再选择"拷贝"，然后激活目标图像，选择"粘贴"命令即可。

（2）在源图像文件中，将要复制的图层拖动到目标图像上。

（3）使用工具箱中的"移动工具"，将当前图层从源图像拖动到目标图像上。

5. 删除图层

当不需要某一图层时，应先选中该图层，然后将它删除，效果如图2-8所示。删除图层的方法有以下3种。

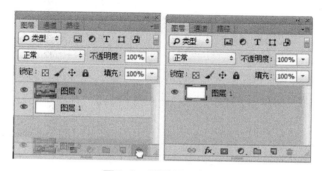

图2-8   删除图层效果

（1）选择"图层"-"删除"-"图层"，即可将当前图层删除。

（2）在图层面板中，选中需要删除的图层，单击鼠标右键，在菜单中选择"删除图层"，也可以删除当前图层。

（3）单击图层面板底部的"删除图层"按钮，或者将图层拖动到"删除图层"按钮上，或者选择图层后直接按"Delete"键，均可删除图层。

6. 链接图层

使用图层的链接功能可以方便地移动多个图层的图像以及合并图层，效果如图2-9所示。要使几个图层成为链接的图层，可以用以下的方法。

先选择所有要链接的图层，然后单击图层面板最下边的"链接图层"按钮，这时要链接的图层后面多了锁链图标。锁链图标表示这些图层已相互链接起来了。

要将链接的图层取消链接，可再次单击"链接图层"按钮。

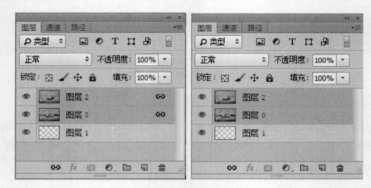

图2-9　链接图层效果

7. 合并图层

如果要合并图层，则打开图层面板菜单，选择其中的命令即可，如图2-10所示。

"合并图层"：选择此命令，可以将当前图层和被选中的图层合并，其他图层保持不变。

"合并可见图层"：选择此命令，可将图像中所有显示的图层合并，而隐藏的图层不变。

"拼合图像"：选择此命令，可将图像中的所有图层合并。

要合并多个不相邻的图层，可以将这几个图层先设定为链接的图层，然后选择图层面板中的"合并链接图层"，或者按"Ctrl+E"组合键即可。

8. 图层样式

Photoshop提供了可以应用到图层的样式，如投影、发光、描边、斜面和浮雕等，如图2-11所示。

图层样式被应用到图层上，在移动或编辑图层内容时，图层样式将发生相应的变化。

一个图层可以应用多种图层样式，但图层样式不能应用于背景图层，除非将背景图层转换为常规图层。

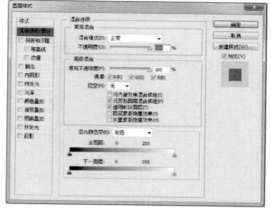

图2-10　图层面板菜单　　　　　　　　　图2-11　图层样式

9. 图层蒙版

　　添加图层蒙版可以理解为在当前图层上面覆盖一层玻璃片。这种玻璃片有透明的、半透明的和完全不透明的几种。用各种绘图工具在蒙版上（即玻璃片上）涂色（只能涂黑色、白色、灰色），涂黑色的蒙版变为透明的，看不见当前图层对应位置的图像。涂白色的部分变为不透明的，可看到当前图层对应位置的图像。涂灰色的部分变为半透明的，透明的程度由涂色的灰度决定。图层蒙版是Photoshop中一项十分重要的功能。

　　（1）图层蒙版是一种特殊的选区，但它的作用并不是对选区进行操作，相反，而是要保护选区不被操作。同时，图层不处于蒙版范围内的地方可以进行编辑与处理。

　　（2）图层蒙版虽然是一种选区，但它跟常规的选区不同。常规选区用于表现一种操作趋向，即将对所选区域进行处理；蒙版却相反，它用于对所选区域进行保护，让其免于操作，而对未覆盖的地方进行操作。

　　其实可以这样说，Photoshop中的图层蒙版只能用黑色、白色及其中间的过渡色（灰色）。蒙版中的黑色用于蒙住当前图层的内容，显示当前图层下面层的内容，蒙版中的白色用于显示当前图层的内容。蒙版中的灰色则使当前图层下面图层的内容若隐若现。

10. 添加图层蒙版

　　添加图层蒙版的方法有以下两种。

　　（1）图层面板最下面有一排小按钮，其中第三个是"添加图层蒙版"按钮▣，单击"添加图层蒙版"按钮▣可以为当前图层添加图层蒙版（不论工具箱中的前景色和背景色之前是什么颜色，当为一个图层添加图层蒙版之后，前景色和背景色就只有黑白两色了）。

　　（2）选择"图层"-"图层蒙版"-"显示全部或者隐藏全部"，也可以为当前图层添加图层蒙版。选择"隐藏全部"可为当前图层添加黑色蒙版，蒙版完全透明，可显示当前图层下面图层的内容。选择"显示全部"时，蒙版完全不透明。

2.4.3 案例实现：图层蒙版

（1）用Photoshop打开需要处理的图片，如图2-12所示。

图2-12 打开图片

（2）将孩子图像放到花朵图像的画布中。打开图层面板，选中要添加蒙版的图层，单击"添加图层蒙版"按钮，如图2-13所示。

图2-13 添加图层蒙版

（3）将图层1中孩子图像用自由变换工具缩小。用画笔工具选择合适的大小，选择黑色将蒙版图层的多余部分遮住，如图2-14所示。

图2-14 添加蒙版的效果

（4）转换图层0中的花瓣，增加一个白色的图层2作为背景并放在最下面一层。用魔棒工具选择花瓣图层的背景，去掉该背景，如图2-15所示。

（5）添加图层样式。为花瓣添加外发光及投影等效果，如图2-16所示。

最终效果如图2-17所示。

图2-15　蒙版图层示意

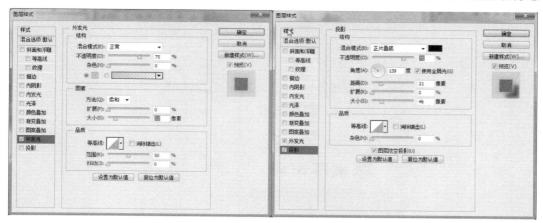

图2-16　添加图层样式

图2-17　最终效果

Photoshop在网页中的运用

2.4.4　案例实现：切片工具的应用

Photoshop的切片工具是一种很好用的工具，它能根据用户的需求截出图片中的任何部分。在另存Photoshop的切片时，能将所切的各个部分分别保存为一张图片，完全区分开来。在制作网页或者截取图片的某一部分时，经常会用到这个工具。

切片分为两种，一种是用户切片，它是用户用切片工具在图像上切出来的切片；另一种是衍生切片，它是由用户切片衍生出来的。在切片选项中单击选择"编辑"选项，会弹出"切片选项"对话框，具体内容如下。切片类型：图像，是指这个切片输出时会生成图像。名称：为切片定义一个名称。URL：为切片指定一个链接地址。target：指定在浏览器哪个窗口中打开页面。x、y：是指切片左上角的坐标。w、h：是指切片的长度和宽度，可以自定义切片图片的长和宽。

案例实现步骤如下。

（1）打开准备好的一张图片，可以把图片直接拖到Photoshop中，也可以用菜单栏上的"文件"菜单来打开图片，如图2-18所示。

图2-18　打开图片

（2）把图片缩放到合适的大小，选择工具箱上的裁剪工具，选择"切片工具"，如图2-19所示。按住鼠标左键，当鼠标指针变成小刀形状时，就可以进行切片操作了。切片工具分为切片工具和切片选择工具两种。

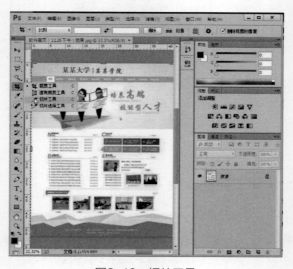

图2-19　切片工具

（3）当鼠标指针变成小刀形状时，从需要切片的地方开始向右下方拖动鼠标，会出现一个矩形的区域块，这就是要切片的范围，可调整它直到合适为止，如图2-20、图2-21所示。切片视图中的每块切片均代表一个区域，其上都有蓝色数字。被选中的切片的线框为浅棕色。

图2-20　切片操作

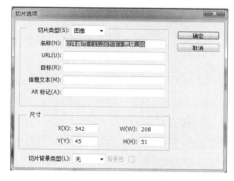

图2-21　切片设置

（4）保存切片时，选择"文件"－"存储为Web所用格式"，这是一种专门为网页制作设置的格式，如图2-22所示。

图2-22　存储切片

（5）这时，弹出对话框，如图2-23所示，可以通过对话框右边的选项设置输出图片的格式、颜色模式等。

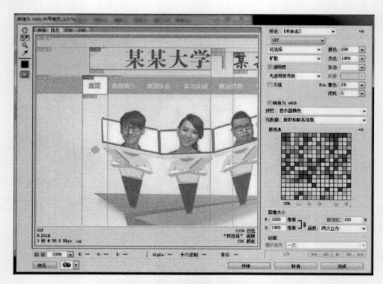

图2-23　切片存储设置

（6）设置完成后，单击"存储"按钮，接着弹出有关存储设置的对话框，如图2-24所示，"文件名"文本框用于设置文件的名称（该名称是PSD源文件的名称）。"格式"下拉列表有3种存储格式可供选择，分别是"HTML和图像""仅限图像""仅限HTML"。"设置"下拉列表通常选择"默认设置"，"切片"下拉列表有"所有切片""所有用户切片""选中切片"等选项，通常选择"选中切片"选项。用户切片是用户用切片工具切出来的区域形成的切片，它与衍生切片的区别在于，以醒目的深蓝色表示，而衍生切片用灰色表示，可在切片名称上右击，将衍生切片调整为用户切片。

图2-24　切片存储设置

（7）完成设置后，将切好的图片存储到想要的文件夹里，这时我们会发现在文件夹里多了一个images文件夹。这是自动生成的文件夹，在制作网页时，图片通常都存储在这个文件夹里。

有人会问：直接将一张大图插入就可以了，为什么要对网页进行切片呢？

我们浏览网页时，由于网速影响，如果插入一整张图片，则图片数据较多，或许在打开网页时需等待很久才显示出这张图片。如果把这张图片在Photoshop中切为很多块，分别存储，每张图片的数据量就会小很多，在打开网页时，先读完数据的图片先显示出来，用户等待的时间会变少。

另外，网页并不是一张完整的图片，其中可以有文字、链接、图片、视频等内容，每部分内容都是独立的，可以操作修改其中部分内容。如果是完整的一张图片，则无法修改部分内容。因此，我们只需将网页中不能用文字表述的图标、图片等切下来使用，文字内容就可直接使用文字形式显示在网页中。

2.5　Web交互界面设计

Web交互界面设计既要遵循视觉设计的形式美法则，又要受到互联网规范的限制，所以在设计Web交互界面时需要加倍注意页面的布局。

本节要点

（1）培养设计的规范思维，能塑造符合形式美法则和开发规范的Web交互界面。

（2）理解并掌握Banner设计要点。

2.5.1　案例实现：网站界面设计

网页界面设计

如今几乎任何一个行业的工作都要接触网站，虽然每个公司的目标和需求不同，但几乎都需要一个专业的网站来展示形象，公司和品牌也应该给客户传递一致的信息。接下来将从以下几个方面讲解网站的界面设计。

1.　网站首页布局设计任务引入及分析

网站主题：企业展示型网站——盈宏金属科技有限公司。

网站结构：响应式网页布局设计。

该页面是以展示企业形象为主的页面，以宣传为主要目的。页面头部大幅的Banner图片从视觉上加深浏览者的印象，达到宣传的效果。

色彩分析：本网站整体色调以蓝色为主，同时以橙色和白色为辅色，在衬托出企业科技感的同时，也不失人性化的暖色调。

网站特点：该企业网站是宣传式的网站，常用于某一个特定的品牌。在这种网站中尤其强调品牌的宣传。经常采用CSS动画和JavaScript（简称JS）等特效让简约的网站提供良好的用户体验。

　　设计思想：本次设计的主题要体现科技感。因此，设计围绕"科技"展开，导航的交互运用简单的线条，在寻求变化的同时添加硬朗的线条。在横幅（Banner）设计中，采用大透视的建筑突出广告语，增强视觉冲击力。栏目标题部分中英文结合，用色彩来区分其主次。内容部分、图片设计规格有大小变化，文字除了大小变化，还添加了色彩的变化及图标，用以强调文字。盈宏企业网站首页如图2-25所示。

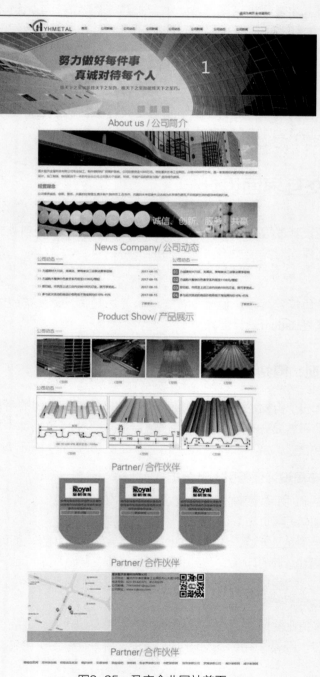

图2-25　盈宏企业网站首页

版面结构：该网站首页的版面结构采用常见的竖型版式结构，分为上、中、下三部分。上面为头部，中间部分为主体内容，下面为版权内容，如图2-26所示。

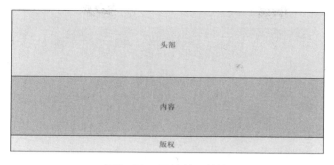

图2-26　网站首页结构

2. 网站首页头部及导航板块设计

（1）建立画布

打开Photoshop软件，选择菜单栏中的"文件"–"新建"，弹出"新建"对话框。将名称改为"盈宏"，设置好页面的宽度为1326像素（px），高度可设定大一点，最后根据栏目完成后的高度来增大或减小，如图2-27所示。

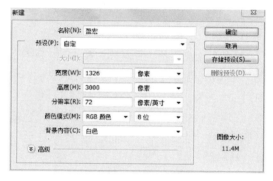

（2）头部设计

网页的头部比较简洁，需要绘制一条4px的边线，用来分隔头部和导航，颜色为蓝色，颜色值为＃01458e。头部文字"设为首页"和"收藏我们"如图2-28所示。

图2-27　新建画布

用形状工具绘制文字前面的图标，可以用形状工具中的特殊图形直接绘制，也可以通过形状工具的路径操作属性绘制。

设为首页　　　收藏我们

图2-28　头部布局

（3）导航绘制

导航部分位于头部下方，由Logo、导航和搜索框组成。导航部分宽度与页面宽度一致，高度为75px。在导航项交互时，左上角和右下角的转角线如图2-29所示。

图2-29　导航布局

3. 首页横幅广告板块设计

（1）Banner背景图片设计

首先用形状工具绘制一个宽度与页面一样，高度为350px的矩形，然后将高楼的图片置入页面，建立剪切蒙版放入矩形，如图2-30所示。

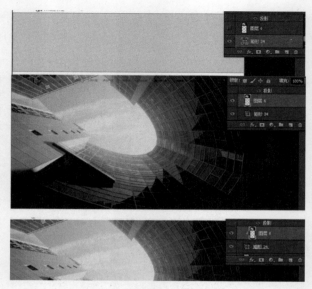

图2-30 Banner背景图片

（2）Banner文字设计

Banner的广告语为"努力做好每件事 真诚对待每个人"，副语为"唯天下之至诚能胜天下之至伪，唯天下之至拙能胜天下之至巧"。将文字输入页面中，文字分为3层，第一层为"努力做好每件事"，第二层为"真诚对待每个人"，第三层为"唯天下之至诚能胜天下之至伪，唯天下之至拙能胜天下之至巧"。文字输入后，设置文字样式，第一层与第二层的样式一样。双击图层弹出"图层样式"对话框，如图2-31所示。

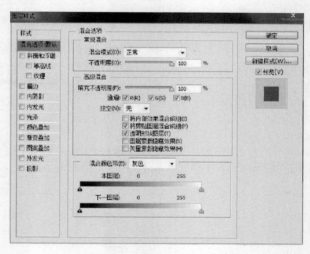

图2-31 "图层样式"对话框

为第一、第二层文字设置渐变叠加效果：深蓝（＃01458e）与浅蓝（＃3568cd）的渐变叠加，"混合模式"为正常，"不透明度"为100%，"样式"为线性，勾选"与图层对齐"，"角度"为-58度，"缩放"为100%，如图2-32所示。

设置投影效果："混合模式"为正常，颜色为＃d8e2f5，"不透明度"为69%，"角度"为120度，"距离"为5像素，"扩展""大小"都为0，如图2-33所示。

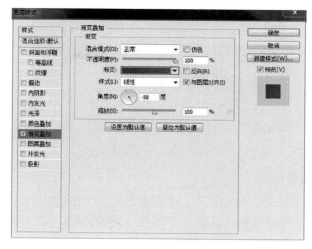

图2-32　文字图层样式（1）

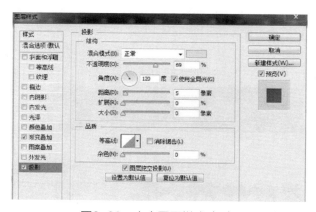

图2-33　文字图层样式（2）

　　只为第三层文字设置投影效果，没有渐变叠加效果，直接将文字颜色填充为浅蓝色。参数"混合模式"为正常，颜色为#b7b7b7，"不透明度"为69%，"角度"为120度，"距离"为2像素，"扩展""大小"都为0，如图2-34所示。将文字放在背景图片的空旷天空处，突出文字，最终效果如图2-35所示。

图2-34　文字图层样式（3）

图2-35　文字效果

4. 首页内容板块设计

首页内容分为公司简介、公司动态、产品展示、合作伙伴、联系我们5个板块，每个板块的布局都有差别，可以使用户在视觉上产生不同的体验，提升用户体验。所有内容部分的正文字号为14px。

（1）公司简介

该板块主要由横向图片和文字构成，为上下结构。图片在上、文字在下，如图2-36所示。

图2-36　内容板块

标题部分英文采用深灰色，中文为网页主体的蓝字，字体为微软雅黑，字号为36px。图片可以直接裁剪，也可以建立剪切蒙版。

（2）公司动态

公司动态板块分为两个子板块：公司动态和新闻中心板块。这两个板块都是以列表布局。板块的标题采用形状工具绘制。文字下方的蓝色色块主要起到凸显标题的作用。为了区分两个不同板块的列表，在文字前面添加两种不同的图标用以区别，如图2-37所示。

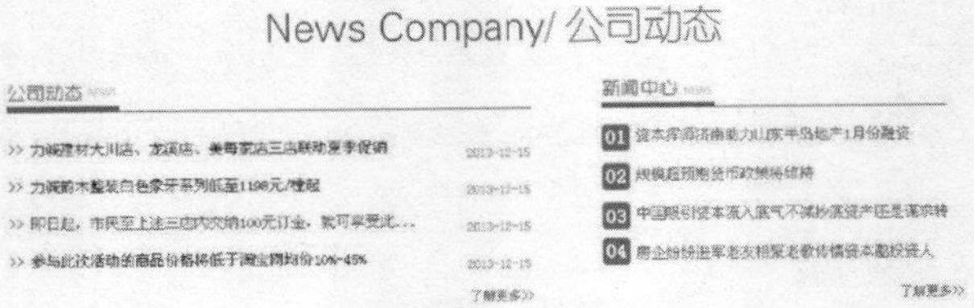

图2-37　内容板块

产品展示、合作伙伴、联系我们板块的设计方法同上。

5. 首页底部板块设计

网页底部包含友情链接和版权。这个部分的文字采用12px字号，与正文区别。版权部分背景颜色采用与头部线条相同的蓝色，起到相互呼应的效果。

2.5.2 案例实现：网页Banner设计

设计一个成功的Banner其实只需要4个步骤，分别是构图、字体、配色、装饰。

1. 构图

构图是Banner设计中最为基础的部分。在做Banner排版时，根据Banner的内容确定大概的构图，再丰富版式的细节。

（1）左字右图：最常见、最容易掌握的排版之一，中规中矩，不易出错，如图2-38所示。

图2-38　左字右图

（2）左图右字：与左字右图差不多，根据素材图片的构图和走向确定图片是适合放在左边还是右边，然后对文案排版。左图右字也是属于比较常规、不容易出错的构图，如图2-39所示。

图2-39　左图右字

（3）左中右构图：左中右构图一般为左图中字右图或者左字中图右字。这种构图比左右构图版式丰富一些，但是比较难把握，如图2-40所示。

图2-40　左中右构图

（4）上下构图：上下构图一般为上字下图。上下构图不好掌握，常见于Banner中出现多个人物，且多个人物在左右构图里不好摆放的情况，如图2-41所示。

图2-41　上下构图

（5）文字作为主体居中：图片作为背景起到装饰的作用，或者不用图片素材。常见于文案内容比较抽象，不方便或者不需要用到图片素材，不知道用什么图片素材表达画面内容，以及没有代表性的图片素材作为画面主体的情况，如图2-42所示。

图2-42　文字作为主体居中

（6）不规则构图：不规则构图最难把握，相对地，最有设计感。不规则构图处理得好，丰富的版式会给人眼前一亮的感觉。其实不规则构图是在常规构图的基础上做一些改变，万变不离其宗，如图2-43所示。

图2-43　不规则构图

2. 字体

正确选择字体在Banner设计中也是非常重要的，字体的风格和画面的风格要一致，这样画面看起来才和谐。字体主要分为两类，一类是系统字体，另一类是设计师自己设计的字体。

通常用细黑体表达文艺风格和品质感，如图2-44所示。

图2-44　细黑体设计展示

根据画面的风格选择相应的字体，如图2-45所示。

图2-45　根据画面的风格选择相应的字体设计展示

设计师自己设计的字体如图2-46所示。

图2-46 设计师自己设计的字体展示

3. 配色

配色用得最多的两种方法：第一种，把素材黑白化，再根据文案和人物的风格选取合适的颜色；第二种，从素材中直接吸取合适的颜色，再调节饱和度和明度，调出基本色，并取基本色的对比色、近似色等作为辅助色，如图2-47所示。

图2-47 配色效果

4. 装饰

装饰常见于点、线、面或者一些手绘的元素等。在确定基本的构图和配色之后，加入一些装饰元素会让画面的细节更丰富、更有设计感，如图2-48所示。

图2-48　装饰效果图

2.6　本章小结

本章主要介绍了交互界面设计中的艺术设计思路和相关要素，以及常用的界面设计工具Photoshop的基础使用方法，并通过一个企业网站案例介绍了Photoshop在交互界面设计中的应用技巧。

2.7　本章习题

1. 选择题

（1）Photoshop处理照片时，常用的色彩模式是（　　　）。

    A. RGB　　　　　　B. CMYK　　　　　　C. 灰度　　　　　　　D. 索引

（2）Photoshop处理照片时，想要图片保持部分透明，应该选择的最佳图片格式为（　　）。

    A. JPG　　　　　　B. GIF　　　　　　C. PNG　　　　　　D. BMP

（3）网页中使用的图片长度单位一般是（　　　）。

    A. cm　　　　　　B. mm　　　　　　C. dm　　　　　　D. px

2. 简答题

（1）交互界面艺术设计的要素有哪些？

（2）交互界面设计遵循的基本原则是什么？

（3）网站界面设计基本原则有哪些？

（4）请描述Photoshop在交互界面设计中的作用。

（5）Photoshop图层类型有哪些？

（6）在Photoshop中如何设置半透明图层？

（7）设计网站Banner可以从哪几个方面寻找设计灵感？

（8）一个企业网站基本的结构有哪些？

第 3 章

Web 交互界面技术概述

目前大多数网页都采用HTML编写，或者将其他程序（脚本）语言代码嵌入HTML代码中。HTML5是HTML的新版本，但HTML不仅仅是一种标记语言，还是被广泛应用于Web前端开发的下一代Web语言。HTML5为Web应用开发提供全新的框架和平台。网页中的元素需要用特定的标签来表示，同时需要一种技术对网页的页面布局、背景、颜色等进行更加精确的控制，这种技术就是CSS。而CSS3是CSS的最新版本，目前得到大多数浏览器的支持。本章将对Web交互界面技术相关概念，以及Web交互界面核心技术进行介绍。

3.1 Web交互界面技术相关概念

通过学习Web交互界面技术相关概念，可以理解网页的响应过程，了解常用浏览器的特点，走进交互界面的世界。

本节要点

（1）能阐述万维网、HTTP、FTP、IP地址和域名的定义。
（2）通过阅读资料，能阐述Internet的发展与现状。
（3）养成利用网络资源获取知识的习惯。

3.1.1 相关概念

1. 万维网

万维网（World Wide Web，WWW）也可简称为Web。它是互联网上的一个资源空间，在这个空间中，任何一个资源都由统一资源定位符（Uniform Resource Locator，URL）标识，并利用超文本传输协议（Hypertext Transfer Protocol，HTTP）传送给使用者。当你想访问Web上的一个网页（或者其他资源）时，通常首先在浏览器的地址栏中输入该网页的URL，或者通过超链接方式发送访问该网页的请求。Web服务器在接收到请求后，将信息发送到你的计算机。由于网页文件都是HTML（Hypertext Markup

Language，超文本标记语言）代码或其他代码，因此需要由浏览器将其解释为文本、图片和超链接等可视化的网页信息。

Web分为Web客户端和Web服务器。Web可以让Web客户端（常用浏览器）访问浏览Web服务器上的页面。Web服务端是一个由许多互相链接的超文本组成的系统，通过互联网访问。在这个系统中，每个有用的事物称为资源，并且由一个全局的统一资源标识符（Uniform Resource Identifier，URI）标识；这些资源通过HTTP传送给用户，而Web客户端通过单击链接来获得资源。

万维网联盟（World Wide Web Consortium，W3C）又称W3C理事会，1994年10月在美国麻省理工学院计算机科学实验室成立。万维网联盟的创建者是Web的发明者蒂姆·伯纳斯·李。

Web并不等同互联网，Web只是互联网所能提供的服务之一，是靠互联网运行的一项服务。

2. Internet

Internet即因特网，是集现代计算机技术和通信技术于一体，基于TCP/IP将全世界不同国家、不同地区、不同部门和不同类型的计算机、国家骨干网、广域网、局域网通过网络互连设备连接而成的、全球最大的开放式计算机网络。

3. HTTP

超文本传输协议（Hypertext Transfer Protocol，HTTP）。HTTP提供了访问超文本信息的功能，是Web浏览器和Web服务器之间的应用层通信协议。HTTP是用于分布式协作超文本信息系统的、通用的、面向对象的协议。通过扩展命令，HTTP可用于类似的任务，如域名服务或分布式面向对象系统。Web使用HTTP传输各种超文本页面和数据。

HTTP会话过程包括4个步骤。

（1）建立连接：客户端的浏览器向服务端发出建立连接的请求，服务端给出响应就可以建立连接了。

（2）发送请求：客户端按照协议的要求通过连接向服务端发送自己的请求。

（3）给出应答：服务端按照客户端的要求给出应答，把结果（HTML文件）返回给客户端。

（4）关闭连接：客户端接到应答后关闭连接。

HTTP是基于TCP/IP之上的协议，它不仅可保证正确传输超文本文档，还可确定传输文档中的哪一部分，以及哪部分内容先显示（如文本先于图形显示）等。

4. FTP

文件传输协议（File Transfer Protocol，FTP）简称为"文传协议"，用于Internet上控制文件的双向传输。同时，它也是一个应用程序（Application）。不同的操作系统有不同的FTP应用程序，这些应用程序都遵守同一种协议以传输文件。

在FTP的使用中，用户经常遇到两个概念：下载（Download）和上传（Upload）。下载文件就是从远程主机复制文件至自己的计算机上；上传文件就是将文件从自己的计算机中复制至远程主机上。用 Internet 语言来说，用户可通过客户机程序向（从）远程主机上传（下载）文件。

5. IP 地址

IP 地址（Internet Protocol Address）的全称为互联网协议地址，是一种在 Internet 上的给主机编址的方式。它是 IP 提供的一种统一的地址格式，常见的 IP 地址分为 IPv4 与 IPv6 两大类。互联网上的每一个网络和每一台主机都有一个 IP 地址，以此来屏蔽物理地址的差异。大家日常见到的每台联网的个人计算机（Personal Computer，PC）都需要 IP 地址，才能正常通信。

IP 地址常常被表示为一个 32 位的二进制数，被分割为 4 个 8 位二进制数（也就是 4 字节）。为了方便人们使用，IP 地址经常被写成十进制的形式，中间使用点（.）分开不同的字节，如 255.101.17.25，这种表现形式叫"点分十进制"。也可以用 32 位二进制数表示 IP 地址，如 11111111、01100101、00010001、00011001。很显然，用点分十进制比用 01 代码表示的 IP 地址容易记忆。

那么一台计算机只能有一个 IP 地址是对还是错呢？这种观点是错误的。我们可以设定一台计算机具有多个 IP 地址，因此在访问互联网时，不要以为一台计算机就只有一个 IP 地址；另外，通过特定的技术，也可以使多台服务器共用一个 IP 地址，这些服务器在用户看来就像一台主机。

6. 统一资源定位符

统一资源定位符（Uniform Resource Locator，URL）也称为网址，是因特网上标准的资源地址。一般情况下，URL 主要由通信协议和目的地两部分构成：通信协议部分告诉我们 URL 对应的是哪种类型的 Internet 资源。较常见的协议有 HTTP，它表示浏览器通过 URL 向 HTTP 服务器发送所有请求，并传递数据，其他协议还有 gopher，ftp 和 telnet 等。目的地包括域名或 IP 地址、文件路径和文件名。例如，http://www.cqie.edu.cn/index.html 这样的一个 URL 能让浏览器知道 HTML 文档的正确位置以及文件名。假如 URL 是 ftp://ftp.netscape.com（虚拟地址），FTP 协议需要注意很多因素，这是一个虚拟地址。FTP 不是本书的讨论范围。浏览器通过它可以知道自己该登录一个 FTP 站点，这个站点位于名为 netscape.com 的一台网络计算机内。

7. 域名

域名（Domain Name）是一串由点分隔的名字组成的 Internet 上某一台计算机或某个计算机组的名称，用于在数据传输时对计算机的定位标识（有时也指地理位置，地理上的域名用于指代有行政自主权的地方区域）。域名是一个 IP 地址上的"面具"。域名的作用是便于记忆一组服务器的地址（如网站、电子邮件、FTP 等）。我们访问一个网站，其实是在访问它对应的服务器 IP 地址，如 208.200.150.4，但由于记这么一长串的数字太麻烦，人们就用一个比较好记的、特别的、唯一的名字来与 IP 地址绑定，如 www.sina.com.cn，这串字符就是域名，这个过程就叫域名绑定。常见的组织或机构域名如表 3-1 所示。

表3-1 常见的组织或机构域名

域名	表示的组织或机构的类型	域名	表示的组织或机构的类型
com	商业机构	firm	商业或公司
edu	教育机构或设施	store	商场
gov	非军事性的政府机构	web	和 Web 有关的实体
int	国际性机构	arts	文化娱乐
mil	军事机构或设施	arc	消遣性娱乐
net	网络组织或机构	info	信息服务
org	非营利性组织机构	nom	个人

3.1.2　Web浏览器

互联网有很多种浏览器，通过浏览器，人们可以很方便地上网进行工作、娱乐和学习。浏览器内核是浏览器最核心的部分，负责解释网页语法并渲染网页。以下是几款主流的内核及相关浏览器。

1．Trident 内核

Trident内核被包含在全世界最高使用率的操作系统中，即Windows操作系统。采用Trident内核的常见浏览器有IE浏览器、世界之窗浏览器、360浏览器、傲游浏览器、搜狗浏览器等。出于历史原因，部分网站或者系统还只能使用IE浏览器访问。为了兼容这部分网站，一些国产浏览器采用了"双内核"甚至"多内核"模式，即其中一个内核是Trident，然后增加一个其他内核。国内的厂商一般把其他内核称为"高速浏览模式"，而Trident则是"兼容浏览模式"（用于访问一些老旧的系统）。随着IE浏览器退出历史舞台，Trident内核也走向了没落。

2．Gecko

Gecko是Netscape 6使用的内核，现在主要由Mozilla基金会维护，是开源的浏览器内核，目前主流的Gecko内核浏览器是Firefox，所以也常常称Gecko为火狐内核。

3．WebKit

WebKit由KHTML发展而来，是苹果公司给开源世界所做的一大贡献，是目前最火热的浏览器内核之一，其性能非常好，而且对W3C标准的支持很完善。常见的WebKit内核的浏览器有Chrome、Edge、Apple Safari（Win/Mac/iPhone/iPad）、Android默认浏览器等。

3.2　Web交互界面核心技术

我们浏览的网站是由一个个网页组成的，而网页由结构、表现、行为3个部分构成，它们需满足对应的标准，既相互关联，又相对独立。

本节要点
（1）能够阐述网站开发基本要素。
（2）能简要概述HTML、CSS、JavaScript在网页中的作用。
（3）能阐述Web标准的组成。
（4）识别国内外开发工具的优劣，培养科技自信的情怀。

3.2.1　网页开发基本要素

1. 网页

网页（Web Page）是构成网站的基本元素。它由文字、图片、动画、声音等多种媒体信息以及链接组成，是用HTML编写的，通过链接实现与其他网页或网站的关联和跳转。网页实际上是文件，存放在世界某处的某一台计算机中，而这台计算机必须是与互联网相连的。网页经由网址（URL）来识别与存取，当用户在浏览器地址栏中输入网址并按"Enter"键之后，经过一段复杂而又快速的程序运作，网页文件就会被传送到用户的计算机中，再通过浏览器解释网页的内容，最终展示在用户的眼前。

网页有多种分类，通常分为静态页面和动态页面。

静态页面多通过网站设计软件来进行设计和更改，技术实现上相对滞后。当然，现在的某些网站管理系统也可以直接生成静态页面。这种静态页面通常可称为伪静态页面。静态页面内容是固定的，其扩展名通常为.htm、.html、.shtml等。

动态页面是通过执行ASP、PHP、JSP程序等生成客户端网页代码的网页，通常可通过网站后台管理系统对网站的内容进行更新和管理，如发布新闻、发布公司产品、交流互动、进行网上调查等，都是动态网站功能的一些具体表现。

2. 网页文件

网页文件主要是用HTML编写的，可在Web上传输，能被浏览器识别并显示的文本文件。其扩展名是.htm和.html。

3. 网站

网站就是一组相关网页的集合，是通过Internet向全世界发布信息的载体。例如，新浪、网易、搜狐是国内比较知名的大型门户网站；淘宝、京东、唯品会是国内比较知名的电商网站。

通常把进入网站首先看到的网页称为首页或主页（Homepage）。每个网站都有一个主页，通过它可以打开网站的其他页面。主页文件基本名为index或default，全名为index.html、default.html、index.asp或index.aspx等。

3.2.2　Web标准

Web标准不是某一个标准，而是一系列标准的集合。网页主要由3个部分组成：结构（Structure）、表现（Presentation）和行为（Behavior），对应的标准也分为3类。

（1）结构化标准语言主要包括HTML和可扩展超文本标记语言（Extensible Hypertext Markup Language，XHTML）。

（2）表现标准语言主要包括CSS。

（3）行为标准用JavaScript语言实现，包括对象模型（如W3C DOM）、ECMAScript等。

这些标准大部分由W3C起草和发布，也有一些是其他标准组织制定的标准，比如欧洲计算机制造商协会（European Computer Manufacturers Association，ECMA）制定的ECMAScript标准。

一个基本的网站通常包含很多个网页，最基本的网页由HTML（结构）、CSS（表现）和JavaScript（行为）组成。简单来说，HTML通过某种容器将一个一个元素堆砌起来；CSS用来装饰这些容器，比如设置颜色、改变元素位置及大小；JavaScript可以让元素产生动画，与用户进行交互。

为使HTML5代码风格保持一致，容易被理解、升级，便于团队后期优化维护、提升兼容性及页面性能，保证最快的解析速度，下面列出Web标准为HTML代码制定的一些规范，以便于大家在日后的学习中应用。

（1）HTML元素一定要正确地嵌套使用，如div标签不得置于p标签中。

（2）HTML一定要有正确的组织格式（其他标签都在<html>与</html>内，子标签放在父标签中）。

（3）双标签必须成对使用。单标签也必须使用"/"关闭，如
。

（4）标签和属性的书写必须使用小写字母。

（5）属性值必须用英文双引号标识，不可使用属性缩写。

（6）每个页面的首行添加DOCTYPE声明。

（7）id及class属性的值不允许以数字开头，单词全字母小写，属性值命名语义化；id还必须保持页面的唯一性。

（8）为代码制定缩进规则。

（9）结构、表现、行为分离。

3.2.3　HTML5概述

超文本标记语言（Hyper Text Markup Language，HTML）是用来描述Web上超文本文件的语言，HTML文件可对多平台兼容，通过网页浏览器能够在任何平台上阅读。

HTML是一种用来制作超文本文档的简单标记语言。HTTP规定了浏览器在运行HTML文档时遵循的规则和进行的操作。HTTP的制定使浏览器在运行超文本时有了统一的规则和标准。用HTML编写的超文本文档称为HTML文档，它能独立于各种操作系统，自1990年以来，HTML就一直被用作Web的信息表示语言，使用HTML描述的文件需要通过Web浏览器显示效果。

HTML文档只是纯文本文件。创建一个HTML文档只需要两个工具，一个是HTML编辑器，另一个是Web浏览器。HTML编辑器是用于生成和保存HTML文档的应用程序。Web浏览器是用来打开Web网页文件，供我们查看Web资源的客户端程序。

超文本文档因其可以加入图片、声音、动画、影视等内容，其功能远超普通文本的功能。事实上，我们上网所看到的文字、图片、视频等，几乎都属于超文本文档的内容。

每一个HTML文档都是一个静态的网页文件，其中包含HTML指令代码。这些指令代码并不是一种程序语言，它只是一种排版网页中资料显示位置的标记结构语言，易学易懂，非常简单。

HTML5就是HTML最新的第5代修订版本，也是HTML发展史上的第5次重大更新。

3.2.4　CSS3概述

层叠样式表（Cascading Style Sheets，CSS）。它用来设置网页中各种标签的样式，如设置文字大小、颜色、行高、背景等。"层叠"是指当在 HTML 文件中引用多个样式文件时，浏览器将依据层叠顺序及就近原则进行处理，以避免发生冲突。

CSS的优点如下。

（1）更多的排版和页面布局控制。可以控制字号、行距、字间距、边距、缩进等。

（2）样式和结构分离。文本格式和颜色可以独立于网页结构部分进行配置和存储。

（3）方便修改。若需要更换某个模块的字体颜色，只需要修改CSS里面的文字颜色属性即可，有利于网页维护。

（4）文档变得更小，提高加载速度。CSS从HTML文档分离出来后，HTML文档的体积变得更小。

目前CSS的最新版本为CSS3，是能够真正做到网页表现与内容分离的一种样式设计语言。相对于传统HTML的表现而言，CSS能够对网页中的对象的位置排版进行像素级的精确控制，支持几乎所有的字体、字号样式，是目前基于文本展示最优秀的表现设计语言之一。

CSS3是CSS技术的升级版本，CSS3语言开发是朝着模块化发展的。在CSS3中增加了许多的新模块。这些模块包括盒子模型、列表模块、超链接方式、语言模块、背景和边框、文字特效、多栏布局、动效等。

只有掌握了HTML5+CSS3的布局模式，才能制作出更符合Web标准的网页；掌握CSS3的新属性就能做出更炫酷的网页。

3.2.5　交互界面开发工具

交互界面开发工具有很多，如记事本、Notepad++、Sublime Text等轻量级编辑器，一般用于简单的网页或应用程序开发；Dreamweaver是可视化的网站开发工具，面向专业或业余设计人员；目前主流的IDE有WebStorm、Eclipse、Visual Studio Code、HBuilder等，提供了对HTML5、CSS3、JavaScript的支持，能显著提高前端开发效率。

1. Dreamweaver

Dreamweaver是Adobe公司旗下的一款集网页制作和网站管理于一身的"所见即所得"网页代码编辑器。Dreamweaver对HTML、CSS、JavaScript等内容的支持，方便设计师和程序员非常快速地进行网站建设。它借助经过简化的智能编码引擎，轻松地创建、编码和管理动态网站。通过访问代码提示，即可快速了解HTML、CSS和其他Web标准。使用视觉辅助功能可减少错误并提高网站开发速度。

2. Visual Studio Code

这是微软公司2015年推出的一个轻量但功能强大的源代码编辑器，它内置了对JavaScript、TypeScript和Node.js的支持并且具有丰富的其他语言和扩展的支持，其功能强大。Visual Studio Code是一款免费开源的现代化轻量级代码编辑器，支持几乎所有主流的开发语言的语法高亮、智能代码补全、自定义快捷键、括号匹配和颜色区分、代码片段、代码对比Diff、GIT命令等特性，支持插件扩展，并针对网页开发和云端应用开发做了优化。Visual Studio Code提供强大的扩展插件，其版本更新很及时，功能丰富且强大。

3. WebStorm

WebStorm是JavaScript和相关技术的IDE。与其他JetBrains IDE一样，它使你的开发体验更加愉快，自动化日常工作并帮助你轻松处理复杂任务。它是一款常用的编辑器。

4. Eclipse

Eclipse是著名的跨平台的自由IDE。它最初主要用于Java语言开发，但是目前亦有人通过插件使其作为其他计算机语言比如C++和Python的开发工具。

5. Sublime Text

Sublime Text是一个轻量级的文本编辑器，同时也是一个先进的代码编辑器。它具有简约的用户界面和强大的功能，如代码缩略图、Python的插件、代码段等。Sublime Text的主要功能包括拼写检查、书签、完整的Python API、Goto功能、即时项目切换、多选择、多窗口等。同时，它还是一个跨平台的编辑器，支持Windows、Linux、Mac OS X等操作系统。

6. HBuilder

HBuilder是中国DCloud（数字天堂）研发的一款免费的HTML5移动应用开发平台，也是轻量级的通用IDE，与Visual Studio Code、Sublime Text、WebStorm类似，它可以开发普通Web项目，也可以开发很多移动端产品。HBuilderX是新版本，它除了服务前端技术栈外，也可以通过插件支持PHP等其他语言。它的优势在于运行速度快，对MarkDown、Vue支持良好，对App、小程序、uni-app、5+App等手机端产品的开发有非常好的支持。

3.3　本章小结

本章主要讲解了Web交互界面涉及的相关概念及核心技术。通过本章的学习，读者应该对完整的URL构成、常见的浏览器、交互界面的Web标准、网页的基本组成、开发平台的使用有了初步的认识，为接下来深入学习网页结构和编写代码打下基础。

3.4　本章习题

1. 选择题

（1）网页结构由以下哪些部分组成?（　　　）（多选）

　　A. 结构　　　　　　B. 样式　　　　　　C. 行为

（2）人们常说的静态页面是指（　　　）。

　　A. 没有动画的页面

　　B. 静止不动的页面

　　C. 不能自动更新内容的页面

（3）HTTP是指（　　　）。

　　A. 传输控制协议　　　　　　　B. 文件传送协议

　　C. 网络协议　　　　　　　　　D. 超文本传送协议

2. 简答题

（1）请列举你熟悉的3种浏览器，并详细分析它们的特点。

（2）你理解的Web标准是什么?

（3）使用CSS的优点是什么?

（4）什么是统一资源定位符? 请举例说明。

（5）请解释edu、net、org、com、info、gov等机构域名的含义。

第 4 章

HTML5 和 CSS3 基础

网页中的HTML文档可以分为文档头和文档体两部分。文档头的内容包括网页语言、关键字、字符集的定义等；文档体的内容就是页面要展示的内容。文档结构描述使用html、head、body等标签。在HTML5中，一个比较重大的变化是增加了很多新的结构标签，如article、section、aside等，它们拥有更强的语义特性，使文档结构更加清晰。

4.1 HTML5基础

HTML5继承了HTML的部分特征，同时又添加了许多新的语法特性，比如语义特性、本地存储特性、设备兼容特性、连接特性、网页多媒体特性等。此外，HTML5还定义了处理非法文档的具体细节，使得所有浏览器和客户端程序能够一致地处理语法错误。

深入学习后，我们可以了解到HTML5具有独特的优势：多媒体支持、多设备跨平台、自适应网页设计等。对于互联网领域来说，HTML5不再只是一种标记语言，它为下一代Web提供了全新的框架和平台，包括提供免插件的视频、图像动画、本体存储，以及更多酷炫且重要的功能，并使这些功能标准化，从而使Web能够轻松实现类似桌面的应用体验；对于编程人员来说，HTML5的特点是其有丰富的标签体系，类似于内置了很多快捷键，它们将取代那些用于完成比较简单的任务的插件，可以降低应用开发的技术门槛；对搜索引擎优化（Search Engine Optimization，SEO）来说，HTML5有利于搜索引擎抓取和检索网站内容，能够提供更多的功能和更好的用户体验，有助于提高网站的可用性和交互性。

本节要点

（1）能记住HTML5结构标签和文本标签，并理解它们的使用场景。
（2）能分析Web页面的基本结构，能够完成基本Web页面的创建。
（3）规范使用标签，养成职业习惯。

4.1.1 网页基本结构

一个网页基本结构的代码如下。

HTML5元素及标签

代码4-1　一个网页的基本结构代码

```
<!DOCTYPE html>
<html lang="en">
<head>
    <meta charset="UTF-8">
    <title>网站名称</title>
    <meta name="keywords" content=" 关键词 ">
    <meta name="description" content=" 网页描述 ">
    <link rel="shortcut icon" href="favicon.ico" type="image/x-icon">
<link rel="stylesheet" type="text/css" href="style/style.css"/>
<style>
    嵌入样式代码
</style>
<script>
    嵌入 JavaScript 代码
</script>
</head>
<body>
    网站基本内容
</body>
</html>
```

在HTML网页文档的基本结构中主要包含以下几种标签。

1. 文档声明

```
<!DOCTYPE html>
```

DOCTYPE即document type，文档类型，以上代码是文档类型声明。它声明了文档类型是HTML。

文档类型声明必须位于HTML文档的第一行，即<html>标签之前。它的作用是告诉浏览器使用哪个版本的HTML进行页面解析。这里，浏览器以HTML5的方式解析页面。

2. html 根标签

```
<html  lang="en">
</html>
```

<html>标签放在网页文档的最外层，表示这对标签间的内容是HTML代码。<html>放在文档开头，</html>放在文档结尾，在这两个标签中间嵌套其他标签。因此<html>标签也被称为根标签。

lang="en"表明页面主体语言是英语（English），要将其改成中文，就用lang="zh"。若遇到与操作系统默认语言不一致的网页，则现代浏览器会提示是否进行翻译。

3. head 页面头标签

```
<head>
    <meta charset="UTF-8">
    <title>网站名称</title>
    <meta name="keywords" content=" 关键词 ">
    <meta name="description" content=" 网页描述 ">
    <link rel="shortcut icon" href="favicon.ico" type="image/x-icon">
```

```
<link rel="stylesheet" type="text/css" href="style/style.css"/>
</head>
```

　　文件头内容位于<head>和</head>标签内，该标签出现在文件的起始部分。该标签内的内容不在浏览器中显示，主要包括文件的有关信息，如文件标题、作者、编写时间、搜索引擎可用的关键词等。

　　（1）<title>标签

　　在<thead>标签内最常用的标签之一是网页标题标签，即<title>标签。

　　网页标题是提示网页内容和功能的文字，它将出现在浏览器的标题栏中。一个网页只能有一个标题，并且只能出现在文件的头部。

　　（2）<meta>标签

　　<meta>标签可提供有关页面的元信息（Meta-information），比如针对搜索引擎和更新频度的描述和关键词。<meta>标签位于文档头部，不包含任何内容。<meta>标签的属性定义与文档相关联的名称/值对应。

　　<meta>标签属性分为必选属性和可选属性两种。必选属性为content，可选属性为http-equiv、name、scheme。<meta>标签的属性值与描述如表4-1所示。

表4-1　　　　　　　　　　　　　　　<meta>标签的属性值与描述

属性	值	描述
content	some_text	定义与 http-equiv 或 name 属性相关的元信息
http-equiv	content-type expires refresh set-cookie	把 content 属性关联到 HTTP 头部
name	author description keywords generator revised others	把 content 属性关联到一个名称
scheme	some_text	定义用于翻译 content 属性值的格式

　　（3）<link>标签

　　<link>标签定义文档与外部资源的关系。该标签最常见的用途之一是链接CSS和网站小图标。

　　<link>标签的属性常用值与描述如表4-2所示。

表4-2　　　　　　　　　　　　　　　<link>标签的属性常用值与描述

属性	常用值	描述
charset	char_encoding	HTML5 不支持
href	URL	规定被链接文档的位置
hreflang	language_code	规定被链接文档中文本的语言
media	media_query	规定被链接文档将显示在什么设备上

续表

属性	常用值	描述
rel	alternate author icon licence next prev search sidebar stylesheet tag	规定当前文档与被链接文档之间的关系
rev	reversed relationship	HTML5 不支持
sizes	heightxwidth any	规定被链接资源的尺寸，仅适用于 rel="icon"
target	_blank _self _top _parent frame_name	HTML5 不支持
type	MIME_type	规定被链接文档的 MIME 类型

（4）<style>标签

<style>标签用于为HTML文档定义样式信息。在<style>标签中，可以规定在浏览器中如何呈现HTML文档。type属性是必选的，用于定义style标签的内容，其唯一值是"text/css"。style标签位于<head>中。

<style>标签属性分为必选属性和可选属性两种。必选属性为type，可选属性为media。<style>标签的属性常用值与描述如表4-3所示。

表4-3　　　　　　　　　　　　<style>标签的属性常用值与描述

属性	常用值	描述
type	text/css	规定 CSS 的 MIME 类型
media	screen handheld print all	为 CSS 规定不同的媒介类型

（5）<script>标签

<script>标签用于定义客户端脚本，比如JavaScript脚本。<script>标签既可以包含脚本语句，又可以通过src属性指向外部脚本文件。

<script>标签的属性值与描述如表4-4所示。

表4-4　　　　　　　　　　　　<script>标签的属性值与描述

属性	值	描述
type	MIME-type	指示脚本的 MIME 类型
async	async	规定异步执行脚本（仅适用于外部脚本）

续表

属性	值	描述
charset	charset	规定在外部脚本文件中使用的字符编码
defer	defer	规定脚本执行是否延迟，直到页面加载为止
language	script	不推荐使用，规定脚本语言，请使用 type 属性代替它
src	URL	规定外部脚本文件的 URL
xml:space	preserve	规定是否保留代码中的空白

因为JavaScript成为事实上的页面唯一脚本，所以<script>标签中可以不写type和language属性。

4. <body> 页面主体标签

```
<body>
    网站基本内容
</body>
```

页面主体位于<body>和</body>标签内，它是HTML文档的主体部分。网页正文中的所有内容如文字、表格、图像、声音和动画等都包含在这对标签之内。

4.1.2 标签类型

从4.1.1节我们可以看到HTML中的一些基础标签。在HTML中，每个标签都是一条命令，它告诉浏览器如何显示超文本内容。这些标签均由"<"和">"符号以及一个字符串组成。而浏览器的功能是对这些标签进行解释，显示出文字、图像、动画，播放声音。这些标签用<标签名字 属性>形式来表示。

块元素与
行内元素

HTML标签从形式上可分为单标签和双标签两种类型。

1. 单标签

单标签的形式为<标签 属性=参数>，常见的如强制换行标签
、分隔线标签<hr>、插入文本框标签<input>等。

2. 双标签

双标签的形式为<标签 属性=参数>对象</标签>，如定义"奥运"为5号字体，颜色为红色的标签为：<font size="5" color="red">奥运</font>。

需要说明的是：HTML中的大多数标签为双标签。

HTML标签从特性上分为block、inline、inline-block，即块级标签、行内标签、行内块标签。

（1）块级标签：这类标签的特征是添加相应标签后，会独立成一行显示。其高度、行高、外边距、内边距均可设置。常见的块级标签如图4-1所示。

（2）行内标签：也叫内联标签。这类标签的特征是增加其相应标签后，不会换行，其内容决定占有的宽度，且不可改变。

（3）行内块标签：这类标签不会自动换行，其宽度由内容决定，具有块级标签的部分属性，如支持宽、高、边距的样式设置。

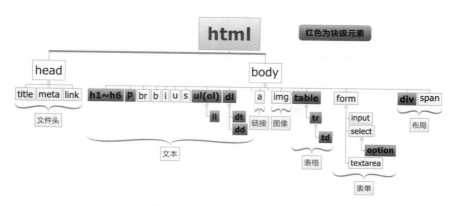

图4-1　HTML常见块级标签

4.1.3　HTML5结构标签

网页可划分为很多不同的模块，如网页头部、网页页脚、新闻区域、列表区域、图片区域等。那么这些模块如何通过标签来显示呢？在HTML5之前的版本中，我们使用<div>来布局，即每个模块都用<div>标签来显示结构。

1. <div>标签

div是division（分区、分块）的缩写。<div>标签用于页面板块划分。可以把它看作一个容器，用来装载页面内容。这是一个双标签，在使用时，必须用</div>关闭它。
该标签的具体用法如下。

```
<div> 这是一个模块内容 </div>
```

图4-2所示是一个使用<div>标签布局的页面，该页面有头部、导航、文章内容、右边栏、底部等模块。

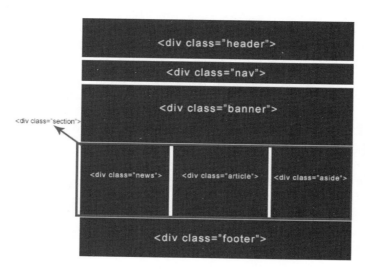

图4-2　使用<div>标签布局的页面

使用<div>标签布局页面的部分代码如下。

<p align="center">代码4-2　使用<div>标签布局页面的部分代码</p>

```html
<!DOCTYPE html>
<html lang="en">
<head>
    <meta charset="UTF-8">
    <title> div布局案例 </title>
    <link rel="stylesheet" href="css/style.css">
</head>
<body>
<div class="header"></div>
<div class="nav"></div>
<div class="banner"></div>
<div class="section">     <!-- 这是一个父容器，里面嵌套 3 个 div-->
    <div class="news"></div>
    <div class="article"></div>
    <div class="aside"></div>
</div>
<div class="footer"></div>
</body>
</html>
```

有读者可能发现以上代码不能实现图4-2所示的效果。再次说明：以上代码只是这部分基本的HTML结构，根据这部分代码不能实现图4-2所示的效果，还需要对其进行CSS布局。

由图4-2我们可发现整个网页的各个模块都是由<div>来划分的，而模块之间使用class或者id进行区别。这样的布局方式是不利于搜索引擎抓取页面内容的。

HTML5为了解决这个问题，根据众多设计师约定俗成的常用设计习惯增加了很多新的结构标签，如header、footer、article、section、aside、figure、figcaption、hgroup等。例如，<header></header>代表头部模块。特别说明：这些结构标签都是块级标签。

下面介绍HTML5中的相关结构标签。

2.　<header>标签

<header>标签用于定义文档的页眉，通常包含一些引导和导航信息。它不局限于网页头部，也可以写在网页内容中，表示网页中某个模块的头部。它可以包含div标签，还可以包含表格内容、标识、搜索表单、nav导航等。<header>标签中至少有一个标题标签或hgroup标签或nav标签。其语法结构如下。

```html
<header>
    <h1> 头部内容 </h1>   <!-- 标题标签，后面会详解 -->
    头部信息
</header>
```

3.　<nav>标签

<nav>标签使页面结构更精确，可以作为页面导航的链接组。<nav>标签同样可以包含<div>标签，或者其他列表、表单等。其语法结构如下。

```
<nav>
      这里显示的是导航部分。
</nav>
```

4. <section> 标签

<section>标签用来定义文档中的节，比如章、节、某个模块或文档中的其他部分，一般用于成块的内容，会在文档流中开始一个新的节。它用来表现普通的文档内容或应用区块，通常由内容及标题组成。但section标签并非一个普通的容器标签，它用于表示一段专题性的内容，一般会带有标题。

当一个容器需要被直接定义样式或通过脚本定义行为时，推荐使用div标签而非section标签。如果article标签、aside标签或nav标签更符合使用条件，则不要使用section标签。其语法结构如下。

```
<section>
      该模块的内容
</section>
```

5. <article> 标签

<article>是一个特殊的<section>标签，它比<section>具有更明确的语义，它代表一个独立的、完整的相关内容块，可独立于页面其他内容使用。例如，一篇完整的论坛帖子、一篇博客文章、一条用户评论等。一般<article>会有标题部分，通常包含在<header>内，有时也会包含<footer>。<article>可以嵌套，内层的<article>对外层的<article>标签有隶属关系。例如，一篇博客的文章可以用<article>显示，其评论可以以<article>的形式嵌入其中。

```
<article>
    <header>
          这是文章标题
    </header>
    <p> 文章内容详情 </p>        <!-- 这里的 <p> 是段落标签, 后面详解 -->
    <article>
          这里可以是文章内容
    </article>
 </article>
```

6. <aside> 标签

<aside>标签主要有两种用法。

（1）可以表示包含在article标签中的附属信息，如名词解释、相关引用资料等。

```
<article>
    <h1> 文章标题 </h1>
    <p> 文章内容 </p>
    <aside> 本文出自...</aside>
</article>
```

（2）也可以表示整个页面或站点的附属信息部分，如侧边栏、博客中的其他文章列表、友情链接、单元广告等。

7. <footer> 标签

<footer>标签用于定义section、article或网页的页脚，包含与内容或页面有关的信息，比如文章信息（作者和日期）。页面的页脚，一般包含版权、相关文件和链接。它的用法和<header>标签的用法基本一样，可以在一个页面中多次使用，如果在一个模块的尾部加入<footer>，那么它相当于该模块的页脚。

```
<footer>
        Copyright © 2006-2019    重庆市巴南分局备案编号:110105000000
</footer>
```

8. <hgroup> 标签

若一个模块中需要包含一系列的标题标签，则可以用<hgroup>标签将它们包裹起来。

```
<hgroup>
     <h1> 标题 1</h1>
     <h2> 标题 2</h2>
     ...
 </hgroup>
```

9. <figure> 标签与 <figcaption> 标签

一段独立的内容一般表示文档的一个独立单元。这两个标签常常一起使用，<figcaption>为<figure>添加描述信息。可以用于对标签的组合，多用于图片与图片的描述组合。

```
<figure>
     这里可以插入一张图片
     <figcaption> 这是图片的描述信息 </figcaption>
</figure>
```

新增的媒体标签将在后面专门讲解。

下面利用上面的HTML5标签来进行新的布局，效果如图4-3所示。HTML5结构代码如代码4-3所示。

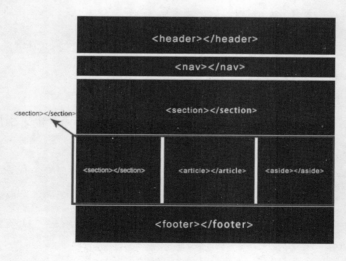

图4-3　HTML5布局效果

代码4-3　HTML5结构代码

```
<!DOCTYPE html>
<html lang="en">
<head>
    <meta charset="UTF-8">
    <title>HTML5 的页面结构 </title>
    <link rel="stylesheet" href="css/style.css">
</head>
<body>
    <header>...</header>
    <nav>...</nav>
<section>...</section>
<section>
        <section>...</section>
        <article> ...</article>
<aside>...</aside>
</section>
    <footer>...</footer>
</body>
</html>
```

以上代码只是关键结构代码，根据这部分代码不能实现图4-3所示的效果，还需要对其进行CSS布局。

4.1.4　HTML5文本标签

HTML5基础
文本标签

文本在网页中的显示是非常重要的，网页中的文本有标题、段落、特殊字符等，下面一一讲解。

1．标题标签

标题的作用是让用户快速了解文档的结构与大致信息。标题标签从<h1>到<h6>共6级。标题标签中包含的文本会被浏览器渲染为块级标签，即会自动换行。<h1>显示的字号是最大的，<h6>显示的字号最小。这里的标题标签要与上文所讲的<title>标签区别，<title>包含的是整个文档的标题名。而这里的<hn>包含的是页面内部的标题，其效果如图4-4所示。

标题标签的具体语法结构如下

```
<h1>1 级标题 </h1>
<h2>2 级标题 </h2>
<h3>3 级标题 </h3>
<h4>4 级标题 </h4>
<h5>5 级标题 </h5>
<h6>6 级标题 </h6>
```

1级标题

2级标题

3级标题

4级标题

5级标题

6级标题

图4-4　标题标签

2．段落标签

段落标签，顾名思义，用于表示段落，可以理解为一些句子或文本组织在一起的块级标签。其具体语法结构如下。

```
<p> 这里是一个段落 </p>
```

3. <span> 标签

<span>标签是一个行内标签，其本身没有任何含义和样式，但可以定义组合文档中的部分文字。其具体语法结构如下。

```
<p>
    下面这是一段 <span> 文字 </span>
</p>。
```

4.
 标签

在HTML中，使用"Enter"键进行换行时，显示效果为一个字符宽度的空格。所以HTML中的换行需要用专门的标签
。该标签单独使用，不成对出现，是一种独立标签。需要在一句话后面换行时，将
标签写在这句话的后面即可。

例如：

```
<p>
    千山鸟飞绝，<br>
    万径人踪灭。
</p>
<!-- 不使用 br 换行的效果 -->
<p>
    千山鸟飞绝，
    万径人踪灭。
</p>
```

效果如图4-5所示。

5. 短语标签

短语标签都是行内标签，用于定义一个段落或者一句话中的一部分文字。比如，要强调某个文字、倾斜某个文字、高亮显示某个文字等。例如：

```
文字加粗 <p> 这部分文字 <b> 加粗 </b></p>
强调文字 <p><strong> 强调 </strong> 这里的文字 </p>
斜体文字 <p> 这里的文字会有 <i> 斜体 </i> 效果 </p>
```

千山鸟飞绝，
万径人踪灭。

千山鸟飞绝，万径人踪灭。

图4-5　换行

HTML5中的短语标签有很多，部分短语标签如表4-5所示。

表4-5　　　　　　　　　　　　　　HTML5中的部分短语标签

标签	用途
<abbr>	缩写：用于显示文本的缩写，配置 title 属性
<b>	加粗：文本没有特殊性，但样式采用加粗字体
<cite>	引文或参考：用于显示文本是引文或参考，文本通常倾斜显示
<cote>	代码：用于显示文本为程序代码，文本通常使用等宽字体
<dfn>	术语定义：用于显示文本为词汇或术语定义，文本通常倾斜显示
<em>	强调：用于强调文本，文本通常倾斜显示
<i>	倾斜：文本没有特殊性，但样式采用倾斜字体

续表

标签	用途
`<kbd>`	输入文本：用于显示要用户输入的文本，文本通常用等宽字体显示
`<mark>`	记号文本：文本高亮显示（仅用于 HTML5）
`<samp>`	示例文本：用于显示程序的示例输出结果，文本通常显示为等宽字体
`<small>`	小文本：用小字号显示的免责声明
`<strong>`	强调文本：显示文本强调或突出与周边的普通文本，文本通常加粗显示
`<sub>`	下标：用于显示文本的下标
`<sup>`	上标：用于显示文本的上标
`<var>`	变量文本：用于显示变量或程序输出结果，文本通常倾斜显示

6. 特殊字符

若需要在HTML页面中显示某些符号，如<、>、&、"等，则在HTML代码中直接输入上述符号时，会与HTML中的关键字产生冲突。因此不能直接在代码中输入以上符号，需要将其转化为对应的HTML代码，如表4-6所示。

表4-6　　　　　　　　　　　　HTML中的部分特殊符号

符号	HTML 代码	符号	HTML 代码
"	`&quot;`	¥	`&yen;`
'	`&apos;`	©	`&copy;`
&	`&amp;`	®	`&reg;`
<	`&lt;`	空格	` `
>	`&gt;`		

7. 网页注释

在HTML中，利用`<!-- -->`生成注释。

注释的目的是便于他人阅读代码，注释部分只在源代码中显示，并不会出现在浏览器中。例如：

```
<p>
    千山鸟飞绝，<br>
    万径人踪灭。
</p>
<!-- 不使用 <br> 换行的效果 -->
<p>
    千山鸟飞绝，
    万径人踪灭。
</p>
```

"不使用`<br>`换行的效果"这一行文字就不会出现在页面中。

4.2　CSS3基础

　　Web标准实际是由三大部分构成的：结构（Structure）、表现（Presentation）和行为（Behavior）。对应的网站标准也分为3个方面：结构化标准语言（HTML）、表现标准语言（CSS）和行为标准（JavaScript）。其中，CSS 负责页面的"表现"，即"装饰和美化"。

本节要点

（1）能够正确描述什么是CSS，以及CSS的优势。

（2）能掌握CSS的引用、声明方式，能正确使用CSS选择器。

（3）通过CSS属性设置，掌握颜色值的语法。

4.2.1　CSS3的引用方法

CSS3的
引用方法

　　CSS是如何与HTML页面产生关联的呢？下面具体讲解如何在HTML文档中声明CSS。

　　HTML中声明CSS的方法主要有以下几种。

1．内联样式

　　内联样式是把对页面各标签的样式设置直接写在网页主体内部，作为HTML标签的属性。其语法结构如下。

```
<html 标签 style=" 样式属性：取值 ; 样式属性：取值 ;…"><html 标签 >
```

例如：

```
<div style = "color:#ff0000;"> 这是红色文字 </ 标签 >
```

　　这种用内联样式声明CSS的方式并不提倡，因为它不能很好地实现结构、样式分离，仅当需要为标签设置特定属性时进行声明。

2．嵌入样式

　　嵌入样式是把对页面各标签的样式设置直接写在网页头部，放置在<head></head>标签中，并用<style></style>标签进行声明。

　　其语法结构如下所示。

```
<head>
<style type="text/css">
选择器 1{
样式属性 1：取值 ;
样式属性 2：取值 ;
…
}
选择器 2{
样式属性 1：取值 ;
样式属性 2：取值 ;
…
}
```

```
……
</style>
</head>
```

其中，<style>标签用来声明使用内部样式表，各样式代码需要写在该标签之间。type="text/css"属性用来声明一段CSS代码。因为HTML5已经默认样式表的type是text/css，所以type属性在HTML5中可以不用定义。

内部样式表不能很好地实现结构和样式分离，仅适用于对某些特殊的页面设置单独的样式风格。在实际使用时注意，不要把整个网页的共有属性写到页面主体内部。这种内部样式表也并不常用。

3. 外部链接

这种方式是将外部独立的样式表文件引入HTML文件中，样式表文件就是我们常说的CSS文件，其扩展名为.css。CSS文件要和HTML文件一起发布到服务器上，这样在用浏览器打开网页时，浏览器会按照HTML网页所链接的外部样式表来显示其风格。要在HTML中链接外部样式表文件，需要在<head></head>标签之间添加<link></link>标签，具体语法结构如下所示。

```
<head>
    <link rel="stylesheet" type="text/css"  href=" 样式表文件的地址 ">
</head>
```

rel="stylesheet"属性用来声明在HTML文件中使用外部样式表。

type="text/css"属性用来指明文件是样式表文件。

href属性用来指定样式表文件的路径和名称。

外部链接的方式是我们在实际制作中最常用的一种方式，它能很好地实现结构和样式分离，并且不用修改页面文件，只需要修改CSS文件，就可以改变页面的风格。多个页面还可以使用相同的CSS文件，提高代码的重复利用率。例如：

```
<link rel="stylesheet" href="css/style.css">
```

该代码引入了一个存放于css文件夹中的style.css文件。

4. 导入样式

导入样式表与外部链接样式表比较相似，只是引入样式表的方式不同。采用导入方式引入的样式表，在HTML文件初始化时，会被全部导入HTML文件内，作为文件的一部分，其加载速度稍慢，但现在的带宽足够大，用户几乎察觉不出来。而采用外部链接的方式时，在HTML的标签需要格式时才以链接的方式引入样式表。

要在HTML文件中导入样式表，需要使用<style type="text/css"></style>标签进行声明，并在该标签中加入@import url(外部链接样式表文件地址);语句，具体语法结构如下。

```
<head>
<style type="text/css">
@import url( 外部样式表文件地址 );
</style>
</head>
```

注意：import语句后面的分号（;）是不可省略的。

4.2.2　CSS3的选择器

CSS的选择器常用的有6种类型，分别是标签选择器、类选择器、id选择器、分组选择器、包含选择器和通配符选择器。

下面介绍不同类型选择器的特点。

1．标签选择器

我们已经了解，网页中的图片列表、段落都是由很多HTML标签组成的。直接给标签设置样式的选择器就是标签选择器。

现有HTML代码如下。

```
<body>
    <a href="#">单击链接1</a>
    <p>
        <a href="#">单击链接2</a>
    </p>
</body>
```

将页面中的超链接文字的颜色设置为#ff0000，文字大小设置为16px。根据要求，CSS代码如下。

```
a{
    color:#ff0000;
    font-size:16px;
}
```

我们发现，当我们用这种方式设置<a>标签的样式时，会使整个HTML页面中所有超链接的样式都发生相应的变化。

若页面内某标签是唯一的，则可以使用该标签选择器声明其样式；若该标签不是唯一的标签，希望它们有不同的样式效果，则需要结合其他的声明方式。

2．类选择器

类选择器也称为class选择器，可以把样式应用于网页中的某一类标签，而非只应用于某一个标签。使用该选择器时要注意以下几点：

（1）需要在希望设置样式的任何标签内增加一个class属性，并定义类名；

（2）在CSS中声明类名时，需要在类名前加一个点（.）。

其语法结构如下。

```
HTML 中：
< 标签 class=" 类名 "> 内容 </ 标签 >

CSS 中：
. 类名 {
    样式属性 1：属性值 ；
    样式属性 2：属性值 ；
    …
}
```

现在将"单击链接2"的样式改为文字大小为16px，文字颜色为红色。HTML代码修改如下。

```
<body>
    <a href="#"> 单击链接 1</a>
    <p>
        <a class="red" href="#"> 单击链接 2</a>        <!-- 增加 class="red"-->
    </p>
</body>
```

CSS代码修改如下。

```
.class{
    color:#ff0000;
    font-size:16px;
}
```

或者修改如下。

```
a.red{
    color:#ff0000;
    font-size:16px;
}
```

后面这种方式也很常用，用于设置HTML中<a>标签中类名为red的样式。

3. id 选择器

id选择器也可以用来为某一类定义相同的样式。但与类选择器不同的是，在同一HTML文件中，id名不能重复。通常使用id选择器定义特定的CSS规则，或者定义页面唯一的区域或者样式，如页面中唯一的导航、唯一的版权信息等。

在使用方法上，id选择器与类选择器相似，但需要注意以下几点。

（1）需要在希望设置样式的任何标签内增加一个id属性，并设置id名。

（2）在CSS代码中声明id选择器的属性值，声明id选择器时，需要在id名前面加一个#号。

其语法结构如下。

```
#id 名 {
    样式属性 1: 取值 ;
    样式属性 2: 取值 ;
    ...
}
```

现有HTML代码如下。

```
<body>
    <nav id="menu"> 导航 </nav>
</body>
```

要设置导航的文字大小为14px，文字颜色为#ff0000，则CSS代码如下。

```
#menu{
    color:#ff0000;
    font-size:16px;
}
```

或者：

```
nav#menu{
    color:#ff0000;
    font-size:16px;
}
```

与id选择器一样，后面这种方式也很常用，用于设置HTML中<nav>标签中id名为menu的样式。

4. 分组选择器

当多个选择器声明的样式完全相同时，可以将它们统一进行声明，各选择器之间使用英文逗号（,）分开。其语法结构如下。

```
标签1, 标签2, 标签3{
    属性1:属性值;
    属性2:属性值;
    …
}
```

现有HTML代码如下。

```
<body>
    <h1>标题</h1>
    <nav  id="menu">导航</nav>
    <p>这里是段落1</p>
    <p class="red">这里是段落2</p>
    <footer>这里是版权信息</footer>
</body>
```

要设置导航与段落2以及版权信息部分的文字颜色为#ff0000，文字大小为16px，则CSS代码如下。

```
#menu, .red, footer{
    color:#ff0000;
    font-size:16px;
}
```

5. 包含选择器

当需要为一个容器中的标签设置样式时，需要使用包含选择器（父子选择器）。其语法结构如下。

```
父选择器  子选择器 {
    属性1:属性值;
    属性2:属性值;
    …
}
```

父选择器和子选择器之间用空格分隔。

现有HTML代码如下。

```
<body>
    <a href="#">链接1</a>
    <p><a href="#">单击这里</a>跳转到首页</p>
</body>
```

要设置段落中的超链接文字颜色为#ff0000，文字大小为14px，则CSS代码如下。

```
p a{
    color:#ff0000;
    font-size:14px;
}
```

包含选择器的使用范围非常广，在网页内容中使用包含选择器会得到唯一的样式。包含选择器的使用可以大大减少类选择器和id选择器的应用。在实际网页应用中，只给父标签定义class或id，子标签尽量通过包含选择器声明样式，不需要再定义新的class或id。

6. 通配符选择器

通配符选择器是一种特殊类型的选择器，它由星号（*）来表示选择器的名称，可以定义所有网页标签的显示格式。通配符一般用于统一浏览器设置，也就是将页面的所有标签样式中的外边距、内边距清除，来统一浏览器样式。

```
*{
    margin:0;
    padding:0;
}
```

那么，有读者会问：当多个选择器作用于同一个标签时，最终会使用哪一个选择器设置的样式呢？

这个问题涉及选择器的优先级及层叠性。当多个选择器都作用于同一个标签时，CSS会层叠所有选择器的样式，若样式发生冲突，则选择优先级高的选择器设置的样式。简单来说就是采用就近原则，哪个选择器离标签近就显示其样式。

通常情况下选择器优先级由高到低为：行内样式、id选择器、类选择器、标签选择器。

若一个页面内有不同类型的CSS文件，则CSS文件的优先级由高到低排序：行内样式表、内嵌样式表、链接样式表、导入样式表。

4.2.3　id和类命名规则

为了避免浏览器的不兼容问题以及按照网页开发人员的开发习惯，我们应尽量规范选择器的命名规则，包括字母一律小写；以字母开头，由字母和数字组成；尽量不用短横线和下画线；尽量用英文，尽量不使用缩写，除非一看就明白其含义的单词缩写；尽量"见名知意"等。id和类命名采用对应内容的英文单词或组合命名，并且第一个单词小写，第二个单词首字母大写，如newProduct（最新产品，new+Product）。

表4-7列出了在网页中常用的id和类命名。

表4-7　　　　　　　　　　　　　　常用的id和类命名

网页内容	id 和类命名	网页内容	id 和类命名	网页内容	id 和类命名
二级导航	subNav	子菜单	subMenu	提示信息	msg
左边栏	sidebar_l	右边栏	sidebar_r	小技巧	tips
标题	title	摘要	summary	投票	vote
搜索输出	search_output	搜索输入框	searchInput	搜索	search
搜索条	searchbar	搜索结果	search_results	版权信息	copyright
加入我们	joinus	合作伙伴	partner	服务	service
注册	register	箭头	arrow	网站地图	sitemap

4.2.4　颜色值语法

　　CSS中表现颜色值的方法较多，常用的有以下几种：色相名、十六进制色、RGB颜色值。

　　所谓色相名，就是颜色的名称，如blue、brown等，浏览器可以识别的颜色有147种，分为17种标准颜色、130种其他颜色。17种标准色是：aqua、black、blue、fuchsia、gray、green、lime、maroon、navy、olive、orange、purple、red、silver、teal、white、yellow。更多的颜色大家可以在W3School网站查询。

　　十六进制色是所有浏览器都支持的颜色表达格式。它规定用#RRGGBB来表示颜色，其中，RR、GG、BB代表红、绿、蓝色代表的十六进制值，所有颜色值必须介于00～ff之间。比如color:#0000ff表示蓝色。

　　RGB颜色值是所有浏览器都支持的颜色值，它规定用rgb(red,green,blue)来表示颜色值。每个参数的取值范围是0～255，数值越大代表颜色的强度越高。比如color:rgb(0,0,255)也表示蓝色。

　　RGBA颜色值是在RGB的基础上增加了A（alpha，透明度，其有效值为0-1）。因此，通过RGBA颜色值可以设置颜色的透明度。如rgba（255,0,0,5）表示半透明的蓝色。

　　更多的颜色值（如HBL颜色值、HSLA颜色值）的使用方式与RGB类似，与之相关的详细描述可以在CSS手册上查询。

4.2.5　CSS的注释

　　由于网页结构复杂，CSS代码量庞大，为了便于理解和后期维护，在CSS代码中应该有一定的注释即解释，这些注释是不会对CSS代码产生影响的。CSS的注释语法结构是：

```
/* 注释的内容 */
```

　　即在需要注释的内容前使用"/*"符号表示开始注释，在内容的结尾使用"*/"结束注释。注释可以包含多行内容。下面通过一个示例来演示注释的使用方法。

```
/*    以下为头部样式    */
P{
    font-size:18px;
    color:black;
}
```

　　那么，HTML注释和CSS注释可以混用吗？

　　不可以。在CSS代码中使用HTML注释，或者在HTML代码中使用CSS注释都是错误的，这样会造成注释失效，有些容错性差的浏览器不兼容，会造成布局错位等兼容问题。

4.2.6　CSS3的文本属性

　　文本在HTML中非常重要，默认的文字都是黑色的，文字大小根据浏览器的不同有所变化，文本字体通常为宋体或者微软雅黑。而在网页中，文本的颜色、间距、行距、字体大小、字体效果多种多样，我们必须将其

CSS3文本属性

排版，使网页看起来层次分明、简明整洁。

本书只列出一些常用的文字属性，如下所示。

1. 设置文字字体

设置文字字体属性为font-family，基本语法结构如下。

```
font-family: 字体 1, 字体 2, 字体 3;
```

例如：

```
p{
    font-family:" 微软雅黑 ", " 宋体 ", " 华文行楷 ";
}
```

在以上代码中有3种字体供选择，用户浏览网页所用的字体首选微软雅黑字体，若没有该字体，则选择宋体，以此类推，最后选择华文行楷。

通常，在PC端宋体是默认字体，每台计算机都能识别宋体，一些高版本的浏览器支持微软雅黑字体。注意，一定不能使用设计师平时用于装饰的艺术字体，浏览器通常无法识别它们。

各字体之间用英文逗号分隔。一些字体中间会出现空格，如 Times New Roman 字体或者中文字体，它们需要用英文双引号标识。

2. 设置文字大小

通过前面的例子我们已经了解，可以通过font-size来控制文字大小，基本语法结构如下。

```
font-size:尺寸 / 百分比 / 关键字 ;
```

属性值中的尺寸、百分比、关键字解析如下。

尺寸：使用尺寸设置文字的大小，常用单位可以是px、em。px是以像素为单位，是绝对尺寸。em则是以父标签的font-size为参考基准，是相对尺寸。如父标签的font-size值为16px，em就是16px。

百分比：以父标签中的字体大小为参考值设置文字大小，如果没有设置父标签的字体大小，则以浏览器默认字体大小的百分比为参考值，这比较少用。

关键字：使用关键字设置文字大小，从小到大包括xx-small（极小）、x-small（较小）、small（小）、medium（标准大）、large（大）、x-large（较大）和xx-large（极大）7个关键字。在不同类型的浏览器中，使用同一关键字设置的文字大小有时候会不同，因此不推荐使用关键字设置文字大小。

所以，一般情况下以px或者em作为单位来设置文字大小。这样能保证无论在何种浏览器和终端上，显示的文字大小都是一致的。例如：

```
p{
    font-size:14px/1.5em;
}
```

3. 设置文字倾斜

使用font-style属性可设置文字倾斜，基本语法结构如下。

```
font-style:normal | italic | oblique;
```

文字倾斜相关属性值及说明如表4-8所示。

表4-8　　　　　　　　　　　　　　文字倾斜相关属性值

属性值	属性值说明
normal	正常显示
italic	斜体显示
oblique	倾斜文本，在浏览器中的效果和 italic 一样

4. 设置文字粗体

使用font-weight属性可设置文字粗体显示，相关属性如表4-9所示，基本语法结构如下。

```
font-weight:normal | bold | bolder | lighter | number;
```

例如：

```
p{
    font-weight:bold;
}
```

表4-9　　　　　　　　　　　　　　文本粗体CSS属性

属性值	属性值说明
normal	正常显示
bold	粗体显示
bolder	更粗体
lighter	更细体
100 ~ 900	100 最细，900 最粗，400 等价于 normal，700 等价于 bold

5. 设置文字颜色

设置颜色可用color。文字颜色值的取值范围和背景颜色值的一样，设置颜色值可以采用颜色名称、十六进制颜色值、RGB值，基本语法结构如下。

```
color: 颜色名称 / 十六进制 /RGB 值；
```

例如，设置段落文字为黑色，代码如下所示。

```
p{
  color:#000000;
}
```

6. 设置英文字体

属性font-variant的作用是将所有小写字母转换为小型大写字母，基本语法结构如下。

```
font-variant:normal | small-caps;
```

7. 文字简写属性

文本属性可以简写，例如：

```
font:italic bold 30px " 微软雅黑 ";
```

以上代码表示文字斜体加粗显示，字号为30px，文字字体为微软雅黑。

注意，应该按照font-style、font-variant、font-weight、font-size、font-family的顺序简写，可以省略某个属性，页面会以默认的属性值显示。

8. 文字修饰

文字修饰是指为文字添加下画线、删除线和上画线等，可使用属性text-decoration，基本语法结构如下。

```
text-decoration: underline | overline | line-through | blink | none;
```

其各属性值及说明如表4-10所示。

表4-10　　　　　　　　　　文字修饰各属性值及说明

属性值	属性值说明
underline	下画线效果
overline	上画线效果
line-through	删除线效果，比如划掉打折前的价格
blink	文字闪烁效果（多数浏览器不支持）
none	无文本修饰，常用来取消超链接的下画线

9. 英文字母大小写转换

英文字母大小写转换可使用属性text-transform，基本语法结构如下。

```
text-transform:none | capitalize | uppercase | lowercase;
```

其各属性值及说明如表4-11所示。

表4-11　　　　　　　　　英文字母大小写转换各属性值及说明

属性值	属性值说明
capitalize	每个单词首字母大写
uppercase	所有字母都大写
lowercase	所有字母都小写
none	不进行转换

10. 中文字符间距

通过letter-spacing属性可以调整中文字符或英文字符的间距，基础语法结构如下。

```
letter-spacing:normal | 长度;
```

其中，"长度"的定义与font-size一致。

11. 调整英文单词间距

属性word-spacing可用来调整英文单词的间距，其属性值和使用方法与letter-spacing属性相同，基本语法结构如下。

```
word-spacing:normal | 长度;
```

12. 设置文本水平对齐方式

text-align可以改变文本行的对齐方式，可以设置段落为左、中、右和两端对齐。基本语法结构如下。

```
text-align:left | right | center | justify;
```

left、right、center表示文本水平居左、居右和居中，而justify表示文本两端对齐。

13. 设置段落首行缩进

通常在段落的首行会有退格缩进，可使用text-indent设置，基本语法结构如下。

```
text-indent:长度 | 百分比;
```

一般使用 text-indent:2em;表示首行缩进两个字符。

14. 调整行高

为了使段落文本看起来比较舒服，我们通常会调节行间距，可使用属性line-height，基本语法结构如下。

```
line-height:normal | 数字 | 长度 | 百分比;
```

其中，"数字"表示绝对数值，如18px；"长度"表示当前字高的倍数，如2em；百分比在设置行高时很少用。一般设置行高为文字大小的1.5～2倍，例如，当文字大小为12px时，可以设置行高为1.5～2em或者18～24px。

15. 文本阴影属性

在CSS3中，使用text-shadow可以为文本增加阴影。基本语法结构如下。

```
p{
    text-shadow:5px  5px  5px  #ff0000;
}
```

以上text-shadow属性的4个值分别为水平距离、垂直距离、模糊大小、阴影大小以及阴影颜色。

16. CSS3 自动换行

CSS3还增加了一个文本属性word-warp，它允许文本在某个区域内强制换行，如强制将长单词拆分，并换行。基本语法结构如下。

```
p{
    word-wrap:break-word;
}
```

CSS3还增加了很多新的文本属性，但它们不太常用，有需要时可以查看CSS手册，本书不详述。

4.2.7　CSS3的背景属性

在HTML中显示图片有两种方法，一种是插入图片，另一种是通过CSS背景设置。CSS2的背景可以设置为纯色、图片、重复；CSS3的背景有很大程度的突破，可设置透明度、渐变色、背景剪裁、背景图片大小、多背景等。本书以CSS3为基础进行讲解。

CSS3背景属性

1. 背景颜色

设置背景颜色有几种方式。

（1）可以使用颜色名称的英文。注意：英文颜色名不能涵盖所有颜色，CSS3支持147
种颜色的英文名称。有需要的同学可以上网搜索相关的内容。基本语法结构如下。

```
background-color:blue;
```

（2）可以使用颜色对应的十六进制值；十六进制值使用3
个双位数来表示，以#开头，前两位表示红色，中间两位表示
绿色，后面两位表示蓝色，每两位的取值范围为00～FF，如
图4-6所示。

#00FF00
　红　绿　蓝

图4-6　十六进制的颜色值

通常，设计师不能想当然的在HTML中随意定义颜色，而应在Photoshop设计稿里直
接获取。基本语法结构如下。

```
background-color:#0000ff;
```

（3）可以使用颜色对应的RGB值。基本语法结构如下。

```
background-color:rgb(0,0,255);
```

在以上代码中，第一个参数表示红色，第二个参数表示绿色，第三个参数表示蓝色，
每个参数的取值范围为0～255。

（4）CSS3提供了半透明的显示效果，可使用RGBA(r,g,b,alpha)实现，最后一个参
数表示透明度，取值范围为0～1。基本语法结构如下。

```
background-color:rgba(0,0,0,0.6);
```

2. 背景图片

背景图片在网页中经常使用，基本语法结构如下。

```
background-image:url(图片路径);
```

图片路径的设置与插入图片时的一样，图片路径分为相对路径和绝对路径，这里不
详述。

例如：

```
background-image: url (image/01.jpg);
```

3. 背景重复

在网页中，为了控制网页文件大小，背景图片常常不会直接使用整图，而是提取其中
的一部分用来重复显示。所以背景重复分为重复、横向重复、纵向重复、不重复。基本语
法结构如下。

```
background-repeat:repeat | repeat-x | repeat-y | no-repeat;
```

4. 背景位置

在网页中将背景图片放在需要的位置时，可以通过background-position属性来改变
其默认的位置。对于背景位置的改变，可以通过水平位置、垂直位置百分比，或者像素值
的改变实现。有如下几种方法改变背景位置。

对于背景位置的属性值，可以用方向值定义，基本语法结构如下。

```
background-position:center  top;
```

background-position属性的可选值有top、bottom、left、right和center。默认有2

个属性，left、top代表左上角，而当只有一个属性值时，第2个默认为center。

在CSS2中，可以使用像素值来确定背景图片相对于标签的位置。基本语法结构如下。

```
background-position:10px 10px;
```

其中，第一个值确定水平位置，第二个值确定垂直位置。数值为正值时，向右或向下偏移；数值为负值时，向左或向上偏移。

使用百分比确定背景位置时，基本语法结构如下。

```
background-position:50% 50%;
```

同样，第一个值确定水平位置，第二个值确定垂直位置。

在CSS3中，可以给background-position属性指定多达4个值。基本语法结构如下。

```
background-position:left 20px top 10px;
```

前两个值代表水平轴，后面两个值代表垂直轴。通过这种方式可以将背景偏移到任何地方。

5. 渐变背景的绘制

CSS3支持渐变的背景，渐变类型有线性渐变linear-gradient、径向渐变radial-gradient、重复的线性渐变repeating-linear-gradient、重复的径向渐变repeating-radial-gradient。对于每一种渐变类型，可以设置渐变方向、角度、起始颜色、终止颜色等。基本语法结构如下。

```
background:linear-gradient(-90deg,#fff,#333);
background: radial-gradient(center,circle,#f00,#ff0,#080);
background: radial-gradient (50%,circle,#f00,#ff0,#080);
```

更多的用法可以查看CSS手册。

6. 背景滚动属性

背景可以被固定在某一处，也可以跟随网页内容的滚动而滚动。这可通过background-attachment属性来控制。基本语法结构如下。

```
background-attachment:scroll | fixed;
```

7. 背景定位

对于边框、内边距，大家可能还不是太了解，理解了盒子模型后这些概念就不难了。盒子模型将在第5章讲解，在这里大家可以对background-origin属性做了解，背景的左上角可以定位在边框、内边距和内容上。基本语法结构如下。

```
background-origin:padding-box | border-box | content-box;
```

8. 背景剪裁属性

同上，背景剪裁属性background-clip也与盒子模型有关。背景由边框开始剪裁的意思是，边框以内的部分可见；背景由内边距开始剪裁的意思是，内边距以内的部分可见；背景由内容开始剪裁的意思是，内容以内的部分可见。内边背景的左上角可以定位在边框、内边距和内容上。基本语法结构如下。

```
background-clip:padding-box | border-box | content-box;
```

9. 背景尺寸

background-size是CSS3的新属性，background-size属性可以用来定义背景图片的尺寸。在CSS2中，图片的尺寸是由图片的实际尺寸决定的。现在，可以使用百分比、像素值、位置、拉伸、平铺等来定义图片尺寸，当使用百分比时，使用的是相对于父标签的宽度和高度，而不是图片本身的高度、宽度，这是需要注意的，可以只有一个百分比来约束宽度。基本语法结构如下。

```
background-size:100px 200px | 40% | cover | content;
```

10. 简写背景属性

部分属性可以简写到background属性中，例如：

```
background:#00ff00 url(images/01.jpg ) repeat-x top 30px left 30px scroll;
```

由于好几个属性值都可以用数值或百分比表示，所以容易产生冲突。

另外，CSS3支持多背景设置，通过url()或gradient的混合方式设置，可以实现背景多层渐变。感兴趣的读者可以查看CSS手册进一步了解。

表4-12展示了背景属性。

表4-12　　　　　　　　　　　　　　　　　背景属性

属性	属性值	含义
background-color	red、blue 等	背景颜色对应的英语单词
	#00ff00	背景颜色对应的十六进制值
	rgb(0,0,255)	颜色值为 RGB 背景颜色值
	rgba(0,0,0,0.5)	带有透明度的颜色值为 RGB 背景色
background-image	url(图片路径)	背景图片路径
background-repeat	repeat	背景图片横向、纵向都重复
	repeat-x	背景图片仅横向重复
	repeat-y	背景图片仅纵向重复
	no-repeat	背景图片只显示一次，不重复
background-position	top、center、bottom、left 等	背景图片在容器中的水平位置和垂直位置
	X% y%	用百分比表示水平位置和垂直位置
	5px 10px	用像素值表示水平位置和垂直位置
background-attachment	scroll	背景图片随着页面滚动
	fixed	背景图片固定
background-origin	padding-box	背景图像相对内边距定位
	border-box	背景图像相对边框定位
	content-box	背景图像相对内容定位
background-clip	padding-box	背景图像裁剪到内边距框以内
	border-box	背景图像裁剪到边框以内
	content-box	背景图像裁剪到内容框以内

续表

属性	属性值	含义
background-size	100px 20px	背景图片高度和宽度的像素值
	x% y%	背景图片高度和宽度的百分比
	cover	背景拉伸扩展至整个背景区域，背景不一定完全显示
	contain	背景拉伸扩展到内容区域，背景完全显示
background	可以包含多个属性	简写属性

那么，什么时候用<img>插入图片的方式，什么时候用CSS设置背景图片呢？

当图片作为页面主体内容，如新闻图片时，使用<img>插入图片；当图片作为页面整体背景或者具备点缀美化功能时，可以将其作为CSS背景图片引入。

4.3　案例实现：文章界面美化

下面应用本章的HTML和CSS知识，完成一个常见的文章界面，由此熟悉标签，逐步理解CSS文本及背景的应用，同时理解在实际工作中的代码规范、命名规范。

本节要点

（1）能理解CSS3的文字属性和背景属性设置。

（2）能够完成网页文章界面的美化工作。

（3）培养审美能力，养成科学的审美习惯。

这是一篇显示在网页中的文章，最终实现效果如图4-7所示。本书会提供文字内容及一张489像素×188像素的背景图，背景图如图4-8所示。

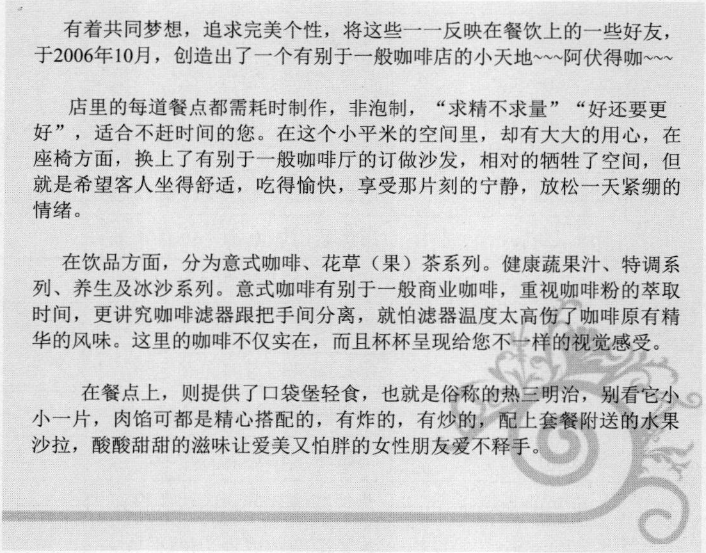

图4-7　文章界面最终效果

图4-8　文章界面背景图

注意： 本案例需要分为两个部分进行分析。首先是结构部分，其次是样式部分。结构的优化有助于样式的表现。

1. 问题思考

（1）文章界面最终的宽度和高度如何设置？这个好像没学过。是否可以自行查资料解决？

（2）结构部分需要用什么标签来展示内容，为什么？

（3）文字的效果有哪些，需要哪些样式呢？哪些是不太了解的或者需要查询资料的？

（4）背景设置什么样的图片，如何通过背景属性来设置？

2. 案例分析

先从结构分析，可以用div或者article标签来搭建框架，提供的文本中有4个文本段落，可以通过4对<p></p>标签搭建内容；从文字样式来看，需要设置文本颜色color、文字的行间距line-height、首行缩进text-indent；从背景样式来看，背景图片宽度为489px，刚好是文章界面最终的宽度，位于界面底部，无图片显示的地方为淡黄色，若未提供色号（#FFFCDD），则可以通过Photoshop提取。

其HTML5代码如下。

代码4-4　文章界面HTML5代码

```
<!doctype html>
<html>
<head>
<meta charset="utf-8">
<title>咖啡屋 </title>
<link rel="stylesheet" type="text/css" href="css/style.css">
</head>
<body>
    <div class="main">
        <p> 有着共同梦想，追求完美个性的几个好友，于 2006 年 10 月创造出了一个有别于
一般咖啡店的小天地～～～ 阿伏得咖 ～～～
        </p>
        <p> 店里的每道餐点都需耗时制作，非泡制，"求精不求量" "好还要更好"，适合不
赶时间的您。在这个小平米的空间里，却有大大的用心，在座椅方面，换上了有别于一般咖啡厅的订做
沙发，相对地牺牲了空间，但就是希望客人坐得舒适，吃得愉快，享受那片刻的宁静，放松一天紧绷的
情绪。
        </p>
```

```
        <p> 在饮品方面，分为意式咖啡、花草（果）茶系列、健康蔬果汁、特调系列、养生及
冰沙系列。意式咖啡有别于一般商业咖啡，重视咖啡粉的萃取时间，更讲究咖啡滤器跟把手间分离，就
怕滤器温度太高伤了咖啡原有精华的风味。这里的咖啡不仅实在，而且杯杯呈现给您不一样的视觉感受。
        </p>
        <p> 在餐点上，则提供了口袋堡轻食，也就是俗称的热三明治，别看它小小一片，肉馅
可都是精心搭配的，有炸的，有炒的，配上套餐附送的水果沙拉，酸酸甜甜的滋味让爱美又怕胖的女性
朋友爱不释手。
        </p>
    </div>
</body>
</html>
```

CSS3代码如下所示。

代码4-5　文章界面CSS3代码

```
.main{
    width:489px;
    height:400px;
    background-image:url(../images/bg.jpg);
    background-repeat:no-repeat;
    background-color:#FFFCDD;
    background-position:bottom right;
}
.main p{
    font-family:" 微软雅黑 ";
    color:#4F432B;
    font-size:14px;
    line-height:21px;
    text-indent:28px;
}
```

4.4　本章小结

　　HTML5标签需要根据内容合理运用，而不是为了样式生搬硬套。语义化是HTML5最显著的特性之一，它不仅可以在没有CSS的情况下，更好地呈现内容结构，而且对SEO非常友好，能帮助团队及用户明确标签代表的内容类别。在使用CSS3的过程中，需要培养初始化和模块化思想，减少代码冗余，提升代码复用性。本章中的HTML5基础与CSS3基础是掌握和应用交互界面的基础，随着互联网技术的革新，也许还会有更多新的内容产生，本章列举的是非常常用的标签或样式，有更多个性化需求时，可以查询相关手册学习。

4.5　本章习题

1. 选择题

（1）HTML5和CSS3的关系是（　　　）。

     A．结构与行为　　　　　　　　　　B．行为与结构

     C．结构与表现　　　　　　　　　　D．表现与结构

（2）text-align是一个（　　　）。

     A．HTML属性　　　　　　　　　　B．CSS属性

     C．HTML属性值　　　　　　　　　D．CSS属性值

（3）对于HTML标签<p class="one">示例</p>，下列哪个CSS选择器无法选中该标签？（　　）

     A．p　　　　　　　B．one　　　　　　C．p.one　　　　　　D．p one

（4）要使段落中的第一行文本空两格显示，可设置（　　　）。

     A．text-align　　　　　　　　　　B．text-decoration

     C．text-transform　　　　　　　　D．text-indent

（5）在CSS中，改变背景图像的大小可使用（　　）属性。

     A．background-repeat　　　　　　B．background-position

     C．background-size　　　　　　　　D．background-origin

（6）下列HTML标签中，属于行内标签的是（　　　）。

     A．p　　　　　　　B．h4　　　　　　C．a　　　　　　　D．li

（7）下列关于HTML的说法，不正确的是（　　　）。

     A．HTML是超文本标记语言的英文简写

     B．HTML标签不分大小写，所以<head>和<Head>都是可以用的

     C．HTML标签必须成双成对出现

     D．目前HTML5是最新的HTML标准，我们现在写HTML代码都应该遵守
       HTML5的规范

（8）选择符的优先级正确的是（　　　）。

     A．id选择符>标签选择符>类选择符

     B．标签选择符>id选择符>类选择符

     C．类选择符>id选择符>标签选择符

     D．id选择符>类选择符>标签选择符

（9）设置背景图片水平重复的是（　　　）。

     A．repeat　　　　　B．repeat-y　　　　C．repeat-y　　　　D．repeat-z

2．简答题

（1）请写出一个HTML5的简单结构，并进行简要说明。

（2）列举HTML5的5个语义化标签，并简要说明。

（3）列举8个常用的文字属性和属性值，并进行简要说明。

（4）常用的简写背景属性有哪些？请举例并对属性及属性值进行阐述。

第 5 章

Web 交互界面设计案例

我们将网页中的常用模块进行拆分，在每一个案例中引入相关知识点。从小模块的练习到页面整合和优化，这是学习交互界面设计快速上手的路径。本章将讲解常用的新闻列表、导航、图文板块、图文列表等模块在工程中的设计思路，同时对交互界面中的超链接、列表属性、标准流、浮动定位、盒子模型、相对定位、绝对定位、CSS3动画等方面进行详细阐述。

5.1 新闻列表制作

新闻列表是非常常见的网页模块，学习了本节内容，你可以通过超链接、列表，结合前面学习的文字、背景等CSS属性完成新闻列表的制作。

本节要点

（1）能区分不同的列表标签，熟悉列表样式属性设置。

（2）合理使用超链接。

（3）能独立制作新闻列表。

（4）培养举一反三的实践能力。

5.1.1 超链接

超链接是浏览者和服务器交互的主要字段，也叫超级链接，它是指网页中一个对象指向一个目标的连接关系。这个目标可以是另一个网页，也可以是相同网页的不同位置，还可以是一张图片、一个电子邮件地址、一个文件，甚至是一个应用程序等。而在一个网页中用来超链接的对象可以是文字或者一张图片，甚至一个结构标签。当浏览者单击所链接的文字或图片后，链接目标将显示在浏览器上，并根据目标的类型来打开或运行。

1. 锚标签

HTML超级链接主要由标签<a></a>和属性href构成。a就是锚标签or，要实现链接的跳转，必须使用属性href。常见的链接可以分为文本超链接、图片链接、锚点链接、邮件链接等。

其基本语法结构如下。

```
<a href=" 将要链接的地址 "  target=" 窗口打开方式 "> 链接的文字或图片 </a>
```

target 属性表示链接目标的打开方式。target属性可以省略，省略时表示链接将在当前页面打开。若需要在新窗口中打开链接，则target属性值为：target="_blank"。由于HTML5已经废除框架集（Frameset），所以target的其他3个属性值（target="_parent"，target="_self"，target="_top"）也基本没用了。

2. 绝对链接和相对链接

href属性值对应的链接分为相对链接和绝对链接。

绝对链接常常指的是Web上的URL，跳转或链接到其他网站上的资源时使用。例如：

```
<a href=http://www.baidu.com.cn> 百度网站 </a>
```

请注意，链接URL时需要加上HTTP或者FTP之类的网络协议。例如：

```
<!-- 不能直接填写 www.baidu.com.cn，须加上 HTTP 网名协议 -->
<a href=http://www.baidu.com.cn/abc.html> 百度网站的 abc.html 页面 </a>
```

相对链接是指链接到自己网站内部的地址。这种链接不含http://，也不包括域名，只包含想要显示的网页的文件名，例如：

```
<a href="contact/index.html">contact 文件夹下的 index.html 页面 </a>
```

3. 邮件链接

邮件链接是指可以自动打开浏览器设置的默认邮件程序的链接，例如：

```
<a href="mailto:super@sina.com.cn"> 发邮件给 super@sina.com.cn</a>
```

请注意邮件链接中，mailto是不可省略的。

4. 电话链接

电话链接可以启动拨号软件，给指定号码拨打电话，例如：

```
<a href="tel:15999999999"> 打电话给 15999999999</a>
```

电话链接在移动端页面用得比较多。

5. 锚点链接

在制作一些内容较长的网页时，可以让浏览者链接到网页中的特定位置，可以设置区段标识符。它由以下两部分构成。

（1）确定链接跳转的位置，设置锚点，例如：

```
< 标签 name=" 锚点名称 "> 目标位置 </ 标签 >
```

或者

```
< 标签 id=" 锚点名称 "> 目标位置 </ 标签 >
```

虽说页面支持以name和id两种方式设置锚点，但是以id设置锚点的方式使用得更多。锚点的名字可以是任意的英文名。

（2）创建锚点链接，例如：

```
<a href="# 锚点名称 "> 链接文字或者图片 </a>
```

注意：锚点名称必须与链接的href内的锚点名称匹配（相同）；若不匹配，则浏览器不会搜索对应网页，而是查找外部文件。

大家可以思考锚点链接常常用在你浏览过网页中的哪些栏目中。

5.1.2　列表标签

列表标签是HTML中常用的一种标签。列表具体分为无序列表、有序列表和定义列表。列表标签的主要用途为制作网页导航、网页列表、网页图文排列部分等。

1. 无序列表

无序列表（Unordered List）是一个项目的列表，在列表中每个项目前面加上列表符号。这种列表也可称为项目列表。项目列表使用粗体圆点（典型的小黑圆圈，属于默认设置）、方块、圆圈等图标进行标记。

无序列表的语法以<ul>标签开始，以</ul>标签结束；里面的每一个列表项目都以<li>开始，以</li>标签结束。无序列表的语法结构如下。

```
<ul>
        <li> 第一项 </li>
        <li> 第二项 </li>
        <li> 第三项 </li>
</ul>
```

type属性是用来改变项目符号类型的属性。表5-1列出了无序列表的type属性值及示例。例如，创建一个无序列表用方块图标来标记它的项目，可以使用无序列表的type属性值square，即<ul type="square">。

表5-1　　　　　　　　　　　　　无序列表的type属性值及示例

属性值	示例
disc（默认）	●
square	■
circle	○

无序列表的type属性在HTML4中广泛运用，在XHTML中运行也是有效的。但无序列表的type属性只是用来装饰列表的，使其变得有序、美观，并没有实际的意义。所以在HTML5中，<ul>标签的type属性被取消了。那么有关如何配置列表的项目符号在后面的CSS样式讲解中会提到。

2. 有序列表

有序列表（Ordered List）顾名思义，就是有顺序的列表。有序列表可以使用数字（默认）、大写字母、小写字母、大写罗马数字和小写罗马数字进行编号。

有序列表的语法与无序列表的相似，以<ol>标签开始，以</ol>标签结束；里面的每一个列表项目都以<li>开始，以</li>标签结束。对于上个示例，用无序列表的语法表示如下。

```
<ol>
    <li> 第一项 </li>
    <li> 第二项 </li>
    <li> 第三项 </li>
</ol>
```

在有序列表中，type默认的符号为阿拉伯数字。同无序列表一样，type可以用来改变列表的排序符号。例如，创建一个大写字母<ol type="A">。表5-2列出了有序列表的type属性值及含义。

表5-2　　　　　　　　　　　　有序列表的type属性值及含义

属性值	含义
1	数字（默认）
A	大写字母
a	小写字母
I	大写罗马数字
i	小写罗马数字

虽然无序列表和有序列表比较相似，但在HTML5中，type属性的表现是不一样的。在HTML5中，和有序列表一起使用的type属性可以得到支持。因为顺序提供了实际的含义。另外，还可以使用start属性，如start="10"；并且HTML5新增了reversed属性（可用于反向排序）reversed="reversed"。

3. 定义列表

定义列表（Definition List）：定义列表不仅仅是一列项目，而是术语及其解释的组合。它的默认格式是，术语独占一行并且顶格显示，解释则另起一行并缩进。它还可以用于组织常见问题及答案。

定义列表的语法，以<dl>标签开始，以</dl>标签结束。每个要描述的术语以<dt>标签开始，以</dt>标签结束；每项描述内容以<dd>标签开始，以</dd>标签结束。例如：

```
<dl>
    <dl> 名词 1</dt>
    <dd> 名词 1 解释的内容 </dd>
<dl> 名词 2</dt>
    <dd> 名词 2 解释的内容 </dd>
</dl>
```

5.1.3　列表样式属性

列表的相关HTML部分我们已经了解，一般一个列表会有很多列表项，通常情况下我们会对列表进行美化和修饰，比如在每个列表项前面设置标号（符号）、装饰图标，调整列表位置。所以需要了解设置列表符号的属性list-style-type、设置图片符号的属性list-style-image、改变列表位置的属性list-style-position。无论是有序列表还是无序列表，在CSS中都可以使用相同的属性值。以下是列表样式的常用属性。

列表样式属性

1. 设置列表符号

属性list-style-type用来设置列表项的符号类型，基本语法结构如下。

```
list-style-type: 属性值 ;
```

其各属性值及说明如表5-3所示，一些不常用的项目符号没有列出来。

表5-3　　　　　　　　　　　　　list-style-type各属性值及说明

属性值	说明
disc	黑色圆点●，默认值
circle	空心圆圈○
square	黑色正方形■
decimal 或 1	数字，如1，2，3，4……
lower-roman 或 i	小写罗马数字，如I，ii，iii，iv……
upper-roman 或 I	大写罗马数字，如I，II，III，IV，V……
lower-latin 或 a	小写拉丁字母，如a，b，c……z
upper-latin 或 A	大写拉丁字母，如A，B，C……Z
none	不显示任何符号

由于列表CSS属性在各浏览器上的显示有差异，所以通常情况下，列表项前面的标号都是根据设计稿美化过的样式进行编辑，不采用默认的圆点影响用户体验。

2. 使用图片符号

除了使用项目符号外，还可以用图片作为列表项的符号，对应属性为list-style-image，其语法结构如下。

```
list-style-image:url( 图片地址 );
```

图片地址跟插入图片时使用的地址一样，可以是相对地址，也可以是绝对地址。如果使用图片作为列表项符号，则应当先取消列表项默认的黑色圆点，见如下语法。

```
list-style-type:none;
```

3. 调整列表位置

列表项符号位于文本左侧，默认放置在文本以外，可以通过调整位置将其放置到文本以内。对应属性为list-style-position，其语法结构如下。

```
list-style-position:outside/inside;
```

其各属性值及说明如表5-4所示。

表5-4　　　　　　　　　　　　　list-style-position各属性值及说明

属性值	说明
inside	列表项符号放置在文本以内
outside	默认值，列表项符号放置在文本以外

4. 简写属性

与很多属性一样，list-style也有简写属性，其语法结构如下。

```
list-style:none url(图片地址) inside;
```

不过，因为在实际的网页界面设计中，列表项的符号远不止HTML默认的这几种形态。因此，默认的列表项符号往往都要去掉，可使用以下样式代码。

```
/* 去掉列表项前符号 */
ol,ul,li{
    list-style:none;
}
```

5.1.4　案例实现：新闻列表制作

这是显示在网页中常见的新闻列表，最终实现效果如图5-1所示，案例中的图片自行切片产生。

> ▶ 因地制宜创造学生午休条件
>
> ▶ 家庭教育指导师应注重家风建设指导
>
> ▶ 安全教育不能流于表面形式
>
> ▶ 考研报名人数减少36万
>
> ▶ 考研知识之复试面试常见问题

图5-1　新闻列表效果

1. 请思考

（1）结构中需要使用哪些标签？答案不唯一，需要说出理由。

（2）文字的效果有哪些，需要哪些样式呢？

（3）箭头和虚线如何表示，还可以有其他方法吗？

2. 案例分析

从结构来看，图5-1所示为一个典型的列表，由于这个新闻列表不需要排序，所以可以使用无序列表，其中包含5个列表项。从样式来看，列表项前的箭头可以单独进行切片，用列表样式中的list-style-image来实现，图片显示虚线可以用border-bottom属性制作，或者切片作为背景显示。

HTML5代码如下。

代码5-1　新闻列表HTML5代码

```
<!-- 新闻部分begin -->
<div class="news">
    <ul>
        <li><a href="#">因地制宜创造学生午休条件</a></li>
        <li><a href="#">家庭教育指导师应注重家风建设指导</a></li>
```

```
        <li><a href="#"> 安全教育不能流于表面形式 </a></li>
        <li><a href="#"> 考研报名人数减少 36 万 </a></li>
        <li><a href="#"> 考研知识之复试面试常见问题 </a></li>
    </ul>
</div>
```

CSS3代码如下。

代码5-2　新闻列表CSS3代码

```
/* 初始化 CSS 代码 */
*{
    margin: 0;
    padding: 0;
}
ul, li{
    list-style: none;
}
a{
    text-decoration: none;
    /* 去掉 <a> 的下画线 */
}
/* news 的默认样式 */
    .news ul{
    width: 500px;
    margin: 0 auto;
}
.news ul li{
    height: 36px;
    font-size: 16px;
    list-style:none url(../img/list-icon.gif) inside;   /* 设置箭头样式 */
    border-bottom: 1px #cccccb dashed;        /* 虚线用 border 属性制作 */
    line-height: 36px;
}
.news ul li a{
    color: #666;
}
.news ul li a:hover{
    color:#393939;
    font-weight: bold;
    /*    text-decoration: underline; */
    font-size: 16px;
    margin-top: 20px;
    margin-left: 10px;
}
. mark {
    font-size: 12px;
    color: red;
    font-weight: bold;
    margin-top: 10px;
    margin-left: 10px;
}
```

5.2 导航制作

5.1节完成了新闻列表的制作，想必大家对列表有了一定的认识，也更熟悉了CSS代码的编写方式。本节继续使用列表完成常见的导航制作。通过对本节的学习，读者可以了解HTML中非常重要的标准流、浮动等内容。这是非常重要的一节，深入理解并练习后，可以举一反三，完成网页中有左右结构的模块。

要掌握网页布局，必须了解什么是标准流、什么是浮动布局。下面分几个小节来讲述。

本节要点

（1）能阐述标准流概念及浮动布局方式。
（2）理解清除浮动的设置及应用方式。
（3）能分辨浮动及清除浮动的使用场景。
（4）能完成一般难度的导航制作。
（5）突出交互设计，并培养用户体验思想。

5.2.1 标准流

我们了解了盒子模型，知道网页是由一个个的盒子组成的，在没有为网页标签添加任何与定位相关属性的前提下，浏览器会根据各个盒子在HTML代码中出现的顺序，由上而下一个接一个地排列，我们把这种方式形象地称作"流"，也就是我们常说的标准流。

标准流是默认的网页布局模式。当删除其中的某一个标签时，其下面的标签会自动上移，填补删除后空出的空间。块级标签、行内标签依据自己的显示属性按照在文档中的先后顺序依次显示。块级标签占一行或多行，行内标签和其他标签共处一行，嵌套关系也会显示出来。

一般来说，网页不会只使用标准流的布局，所以我们有必要掌握下面的布局方法。

5.2.2 浮动与清除浮动

在传统的印刷布局中，文本可以围绕图片，一般把这种方式称为"文本环绕"。浮动（float）属性在网页中最开始也是用于图文环绕的，任何标签只要应用了CSS的float属性，都会产生浮动，并且都生成块级标签或行内标签。当我们不需要浮动时，可以清除浮动，用clear属性实现。下面对这两个属性的用法进行讲解。

浮动

1. float 属性

float属性的基础语法结构如下。

```
float: left | right | none | inherit;
```

其属性值及说明如表5-5所示。

表5-5   float属性值及说明

属性值	说明
left	标签向左浮动
right	标签向右浮动
none	默认值，标签不浮动，会显示在文档中出现的位置
inherit	规定应该从父标签继承 float 属性的值，IE 不支持该属性

当采用了浮动属性时，要考虑父层的宽度能否完全容纳水平排列的浮动标签，如果超出父层容器的宽度，则浮动标签会向下移动，直到有足够多的空间。如果浮动标签的高度不同，那么当它们向下移动时可能会被其他浮动标签卡住。

图5-2（a）是标准流里的3个框，若定义框1为右浮动，那么框1会向父层容器的最右边靠齐，从而标准流被破坏，框2、框3会上移。

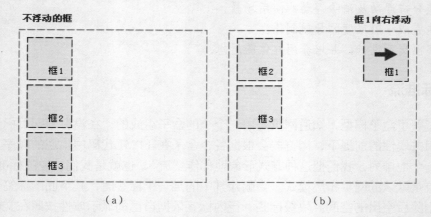

（a）   （b）

图5-2 float属性效果1

若定义框1为左浮动，那么框1脱离了标准流，紧接着框2会顶替框1的位置，但是框1会在 z 轴的上面遮住框2。

若希望3个框都横向排列，则需要定义3个框都为左浮动。效果如图5-3所示。

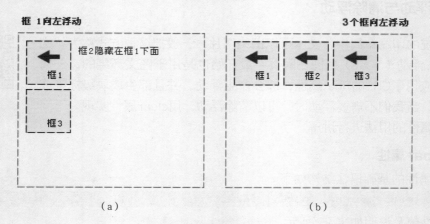

（a）   （b）

图5-3 float属性效果2

2. clear 属性

clear属性是一个与float属性相反的属性，它定义清除标签哪边的浮动。如果声明左边或右边清除，则标签会还原自己标准流的位置。

clear属性的基础语法结构如下。

```
clear: left | right | both | none | inherit;
```

其属性值及说明如表5-6所示。

表5-6 clear属性值及说明

属性值	说明
left	在左侧清除浮动标签
right	在右侧清除浮动标签
both	在左右两侧均清除浮动标签
none	默认值，允许浮动标签出现在两侧
inherit	规定应该从父标签继承 clear 属性的值。IE 不支持该属性

若图5-4（a）的3个框进行左浮动，则会破坏标准流，框4应该在框1、框2、框3下面，如果要让框4的效果如图5-4（b）所示，则须对框4清除浮动。效果如图5-4所示。

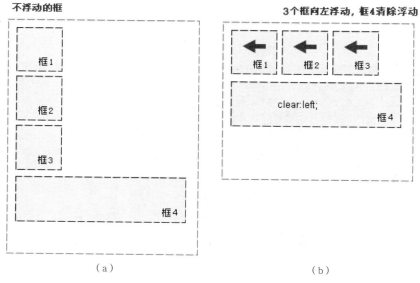

（a） （b）

图5-4　clear属性效果

清除浮动最常用的一种方式是为浮动的父级增加一个类.clearfix（类名约定俗成），通过这样的方式清除浮动带给页面的影响。

```
.clearfix:after{
    content:"";              /*after是一个伪类，必须增加 content 属性 */
    display:block;           /*after是一个行内标签，需转换成块级标签 */
    clear:both;              /* 清除浮动 */
    height:0;                /* 高度为 0*/
    overflow:hidden;         /* 超出部分隐藏 */
}
```

5.2.3 案例实现：导航制作

本案例制作网页中常见的导航，最终实现效果如图5-5所示。

| 电子书刊 | 音像 | 英文原版 | 文艺 | 少儿 | 人文社科 | 经管励志 | 历史 |

图5-5 常见导航实现效果

1. 请思考

（1）导航用什么结构（可以有多种）实现？
（2）横向显示通过什么属性实现？
（3）清除浮动的代码写在哪里？
（4）栏目的白色间隔如何实现？
（5）导航的交互效果如何实现？

2. 案例分析

导航结构通常用无序列表实现，由于每一个栏目都有超链接，所以每个列表项里需要包裹一个a标签。li是块级标签，默认会换行显示，为了让它横向显示，需要设置<li>为浮动，然后为<ul>清除浮动即可。白色间隔部分通过设置border实现。最后可用a:hover实现交互效果。

HTML5代码如下。

代码5-3 导航HTML5代码

```html
<nav >
    <ul  class="clearfix">
        <li><a href="#"> 电子书刊 </a></li>
        <li><a href="#"> 音像 </a></li>
        <li><a href="#"> 英文原版 </a></li>
        <li><a href="#"> 文艺 </a></li>
        <li><a href="#"> 少儿 </a></li>
        <li><a href="#"> 人文社科 </a></li>
        <li><a href="#"> 经管励志 </a></li>
        <li><a href="#"> 历史 </a></li>
    </ul>
</nav>
```

CSS3代码如下。

代码5-4 导航CSS3代码

```css
/* 初始化 */
*{
    margin: 0;
    padding: 0;
}
a{text-decoration: none;}
ul,ol,li{
    list-style: none;
}
```

```
/* 清除浮动的类 */
.clearfix:after{
    content: " ";
    clear: both;
    visibility: hidden;
    height: 0;
    display: block;
}
.clear{
    clear: both;
}
/* 初始化结束 */
nav{
    height: 36px;
    width: 100%;
    background-color: #c9c9a7;
}
nav ul{
    width: 1000px;
    margin: 0 auto;              /* 块级标签居中 */
}
nav ul li{
    width: 124px;
    border-right:1px #fff solid;
    float:left;                  /* 浮动向左 */
    background-color: #c9c9a7;
    line-height: 36px;           /* 文字行高为 36px，文字在 36px 中垂直居中 */
    text-align: center;
    position: relative;
    height: 36px;
}
nav ul li a{
    height: 36px;
    color:#000;
    font-size: 14px;
    display: block;              /* 将行内标签转换为块级标签，使超链接显示有效 */
}
nav ul li a:hover{
    background-color: #b3ab79;
    color:#fff;
}
```

5.3　图文板块制作

　　图文板块是网页设计中必不可少的，这涉及相对综合的知识。通过对本节内容的学习，读者对图片、文字、标题的结构，以及浮动、盒子模型的应用将会越来越熟悉，你会发现网页中的大部分模块都能实现了。

盒子模型

本节要点

（1）能阐述什么是盒子模型。

（2）熟悉盒子模型及基本属性设置。

（3）能正确对盒子模型的实际高度和宽度进行计算。

（4）能够独立完成图文板块的制作。

5.3.1　盒子模型

盒子模型是CSS中较为重要的核心概念之一，它是使用CSS控制页面标签外观和位置的基础。只有充分理解盒子模型的概念才能进一步掌握CSS的正确使用方法。

网页文档中的每个标签都被视为一个盒子。可以理解为，网页布局就是将大大小小的盒子通过嵌套来合理摆放。在布局的过程中需要关注盒子尺寸的计算、盒子是否会在不同浏览器移位等问题。一个标准的W3C盒子模型由内容（content）、内边距（padding）、外边距（margin）和边框（border）这4个属性组成。盒子模型如图5-6所示。

图5-6　盒子模型

我们也可以通过生活中的盒子来理解盒子模型。内容就是盒子里装的东西，盒子一定会有宽度和高度；盒子的厚度就是边框；盒子里面的内容与盒子的边框会有一定的距离，这就是内边距；而盒子与盒子的间距就是外边距。下面详细介绍这些属性。

5.3.2　宽度和高度

1. 宽度 width

width属性用于指定标签的内容在浏览器可视区域中的宽度，其语法结构如下。

```
width:像素值 / 百分比 ;
```

该属性可以指定数值（比如100px）或者相对于父标签宽度的百分比（如80%）。

注意这里的width与单个标签的宽度不同。标签的宽度包括标签的内容、内边距、边框和边距。而width属性只为实际内容（即content）的宽度。

2. 最小宽度 min-width

min-width属性从字面意思可以理解为最小宽度，其语法结构如下。

```
min-width:像素值 / 百分比；
```

该属性取值和width的一样，可以是数值，也可以是百分比。标签可以比指定值宽，但不能比其窄。设置最小宽度可以防止内容在浏览器改变大小时影响显示效果。如果浏览器的宽度变得比最小宽度还要小，则可以显示滚动条，或者隐藏超出的内容。

3. 最大宽度 max-width

max-width属性从字面意思可以理解为最大宽度，其语法结构如下。

```
max-width:像素值 / 百分比；
```

标签可以比指定值窄，但不能比其宽。设置最大宽度可以防止内容在高分辨率屏幕中改变显示方式，变成很长的一行。

4. 高度 height

height属性用于指定标签的内容在浏览器可视区域中的高度，其语法结构如下。

```
height:像素值 / 百分比；
```

该属性可以指定数值（比如900px）或者相对于父标签高度的百分比（如60%）。若不为标签指定高度，则标签的高度一般为内容自身的高度，背景图片也可能不会显示完全。

5. 最小高度 min-height

min-height属性为最小高度。其语法结构如下。

```
min-height:像素值 / 百分比；
```

该属性会对标签的高度设置最小值。标签可以比指定值高，但不能比其矮。

6. 最大高度 max-height

max-height属性为最大高度。其语法结构如下。

```
max-height:像素值 / 百分比；
```

该属性会对标签的高度设置最大值。标签可以比指定值矮，但不能比其高。

以上所有宽度、高度属性都不包括内边距、边框和外边距，都用于指定标签内容本身的高度。

5.3.3　边框

现实生活中盒子的边框有厚度、颜色和样式。网页中标签的边框（border）也包含同样的属性，具体为border-width（边框的宽度）、border-style（边框的样式）、border-color（边框的颜色）等常用CSS属性。在CSS3中，还可以为边框设置圆角，即使用border-radius属性，还有盒子的阴影，即使用box-shadow。

1. 边框宽度 border-width

边框宽度分为4个方向，分别是top、right、bottom和left，其语法结构如下。

```
border-width: 数值;
```

数值通常以px或者em为单位。取值可以是1~4个，1个值时表示4个方向的宽度都是相同的；2个值时表示上下和左右宽度，3个值时表示上、左右、下宽度；4个值时表示4个方向的宽度不一致，以顺时针方向即上、右、下、左的方向定义宽度；多个宽度值之间用空格分隔，例如：

```
border-width:10px 5px 2px 15px;
```

以上属性值分别指上边框宽度为10px、右边框宽度为5px、下边框宽度为2px、左边框宽度为15px。

也可以单独为某一个方向设定宽度，例如：

```
border-top-width:2px;
border-right-width:5px;
border-bottom-width:2px;
border-left-width:15px;
```

2. 边框颜色 border-color

边框颜色同宽度一样也有4个方向，其语法结构如下。

```
border-color: 颜色值;
```

颜色的取值方法大家在前面已经了解。

同边框宽度属性一样，border-color属性取值可以是1~4个。1个值时表示4个方向的颜色都是相同的；2个值时表示上下和左右的颜色值，3个值时表示上、左右、下的颜色值；4个值时表示上、右、下、左的颜色值；多个颜色值之间用空格分隔，例如：

```
border-color:red blue pink black;
```

3. 边框样式 border-style

边框样式border-style是指边框的显示方式是实线、虚线还是点状线、双线等形态。同以上属性，border-style也有4个方向的值，1~4个值的取值也与border-width的属性是一致的，其语法结构如下。

```
border-style:dashed;
border-top-style:dotted;
```

注意： 不同浏览器对相同边框样式的渲染方式可能不同。CSS的border-sytle常用属性值及说明如表5-7所示。

表5-7　　　　　　　　　　CSS的border-style常用属性值及说明

属性值	说明
none	定义无边框
hidden	与none的效果相同。表示隐藏边框，可以通过JavaScript控制显示属性
dotted	定义点状边框。在不同浏览器中的显示效果不同

续表

属性值	说明
dashed	定义虚线
solid	定义实线
double	定义双线。两条单线与其间隔的和等于指定的 border-width 值
groove	定义 3D 凹槽边框。其效果取决于 border-color 的值
ridge	定义 3D 菱形边框。其效果取决于 border-color 的值
inset	定义 3D 凹边框。其效果取决于 border-color 的值
outset	定义 3D 凸边框。其效果取决于 border-color 的值
inherit	从父标签继承边框样式

4. 简写属性 border

通常情况下，我们会对边框属性进行简写，如图5-7所示。

border:1px solid #000

1px的宽度　实线边框　边框为黑色

图5-7　边框的简写属性

3个值的顺序可以调换；或者单独指定某一个值，例如：

```
border:1px dashed #00f;
border-top:1px dashed #ff0;
```

5. 圆角边框 border-radius

支持圆角边框是CSS3的一大亮点，此前，在网页里实现边框圆角只能依靠图片。如今有了CSS3的支持，这实现起来就非常简单了。使用border-radius制作圆角有多个优点。

（1）可以提高网站的性能，减少网站对图片的HTTP的请求。

（2）可以增加视觉美观性。

其基本语法结构如下。

```
border-radius: none | 圆角半径；
```

圆角半径取值一般是长度值（单位：px），不能为负值。最大的圆角半径为标签高度的一半。同样，border-radius属性取值可以是1～4个。指定1个值表示4个角的圆角半径相等；指定2个值时，这2个值表示左上右下、右上左下（即对角线方向）的圆角半径；指定3个值时，这3个值表示左上、右上左下、右下角的圆角半径；指定4个值时，这4个值代表左上、左下、右上、右下的圆角半径。

6. 盒子阴影 box-shadow

盒子阴影也是CSS3的新属性，在前面我们讲过文本阴影，盒子阴影与文本阴影相似。其语法结构如下。

```
box-shadow:x轴偏移 y轴偏移 模糊量 阴影颜色 内阴影 inset/外阴影 outset
```

默认为外阴影（outset）。

例如，设置盒子阴影效果：

```
box-shadow:5px 5px 7px #000 inset;
```

5.3.4　内边距

内边距是指盒子内容与边框的间距。内边距分为上、右、下、左4个方向，语法结构如下。

```
padding: 数值;
```

数值的单位可以是px，也可以是cm，还可以是百分比，但不允许为负值。

padding属性值可以是1~4个。指定1个值时，表示4个方向的内边距都相等；指定2个值时，这2个值分别表示上下和左右的内边距值；指定3个值时，这3个值表示上、左右、下的内边距值；指定4个值时，这4个值表示上、右、下、左的内边距值。多个值之间用空格分隔，例如：

```
padding:5px;
padding:5px 0;
padding:5px 10px 15px;
padding:5px 2px 10px 4px;
```

也可以单独控制某一个方向的内边距，需要添加对应方向词，如top、bottom、left、right，例如：

```
padding-top:30px;
padding-bottom:10px;
```

5.3.5　外边距

外边距表示标签与标签外部标签之间的距离。与内边距一样，外边距也分为上、右、下、左4个方向，语法结构如下。

```
margin: 数值;
```

数值单位可以是px，也可以是cm，还可以是百分比，与padding不同的是，margin可以设置为负值。其取值可以为1~4个，每种取值方式同padding一样，此外不赘述，例如：

```
margin:5px;
margin:5px 0;
margin:5px 10px 15px;
margin:5px 2px -10px 4px;
```

也可以单独控制某一个方向的外边距，需要添加对应的方向词，如top、bottom、left、right，例如：

```
margin -top:30px;
margin -bottom:10px;
```

5.3.6 Web常见图片格式

网页中的图片

在大多数的Web页面中，图片占据页面大小的60%～70%。因此在Web开发中，不同场景使用合适的图片格式对Web页面的性能和体验是很重要的。图片格式种类非常多，本书仅针对几种Web应用中常用的图片格式，如GIF、PNG、JPG、WEBP等进行基本的介绍。

图片格式分为以下3种。

（1）无压缩图片格式。无压缩图片格式不对图片数据进行压缩处理，能准确呈现原图片。BMP格式就是其中之一。

（2）无损压缩图片格式。无损压缩算法对图片的所有数据进行编码压缩，能在保证图片质量的同时减小图片文件大小。PNG是其中的代表。

（3）有损压缩图片格式。有损压缩算法不会对图片所有的数据进行编码压缩，而是在压缩时，去除人眼无法识别的图片细节。因此有损压缩可以在保证图片质量的情况下大幅减小图片文件大小。JPG是其中的代表。

1. GIF

GIF采用LZW压缩算法进行编码，是一种无损的基于索引色的图片格式。由于GIF采用了无损算法压缩，所以相比传统的BMP格式，其文件较小，而且支持透明和动画。其缺点是由于GIF只存储8位索引（也就是最多能表达2^8=256种颜色），所以色彩复杂、细节丰富的图片不适合保存为GIF格式。色彩简单的Logo、Icon、线框图适合采用GIF格式。

2. JPG

JPG是一种有损的基于直接色的图片格式。由于采用直接色，所以JPG可使用的颜色有1600（2^{24}）万种之多，而人眼能识别的颜色只有1万多种，因此JPG非常适合色彩丰富、有渐变色的图片。JPG有损压缩移除肉眼无法识别的图片细节后，可以将图片的文件大小大幅度减小。

但是JPG不适合Icon、Logo，因为相比GIF/PNG-8，它在文件大小上丝毫没有优势。

3. PNG

PNG-8采用无损压缩算法，是基于8位索引色的位图格式。PNG-8相比GIF对透明的支持更好，在同等质量下，文件大小也更小，非常适合作为GIF的替代品。但PNG-8一个明显的不足是不支持动画。这也是PNG-8没办法完全替代GIF的重要原因。如果没有动画需求，则推荐使用PNG-8来替代GIF。

PNG-24采用无损压缩算法，是基于直接色的位图格式。PNG-24的图片质量堪比BMP，但是却有BMP不具备的文件大小优势。当然相比于JPG、GIF、PNG-8，PNG-24图片文件还是更大。正是因为其高品质、无损压缩的特点，PNG-24非常适合用于源文件或需要二次编辑的图片。

PNG-24与JPG一样能表达丰富的图片细节，但并不能完全替代JPG。在同等条件下，PNG-24文件大小至少是JPG文件大小的5倍，但在图片品质上的提升效果却微乎其微。所以除非对品质的要求极高，否则色彩丰富的网络图片还是推荐使用JPG。

4. WEBP

WEBP是一种新的图片格式，由Google开发。与PNG、JPG相比，在相同的视觉体验下，WEBP的文件大小缩小了大约30%。另外，WEBP格式还支持有损压缩、无损压缩、透明和动画，理论上完全可以替代PNG、JPG、GIF等图片格式，但是目前WEBP还没有得到全面支持。

常见图片格式的特点分析如表5-8所示。

表5-8　　　　　　　　　　　　　　常见图片格式特点分析

图片格式	优点	缺点	适合场合
GIF	图片文件小，支持动画、透明，无兼容性问题	只支持 256 种颜色	色彩简单的 Logo、Icon、动图
JPG	色彩丰富，图片文件小	有损压缩，反复保存图片质量下降明显	色彩丰富的图片 / 渐变图片
PNG	无损压缩，支持透明，简单图片文件小	不支持动画，色彩丰富的图片文件大	Logo/Icon/ 透明图
WEBP	图片文件小，支持有损和无损压缩，支持动画、透明	浏览器兼容性不好	支持 WEBP 格式的 App 和 Webview

5.3.7　Web中的插入图片

在网页中显示图片有两种方式：一种是插入图片，另一种是背景图片。本小节介绍的是插入图片，背景图片的显示方法在4.2.7背景属性中已详细讲解。

在HTML中，<img>为图片标签。仅仅使用<img>标签并不会在网页中插入图片。图片必须有图片来源和替代文本属性，即src和alt属性。

具体语法结构如下。

```
<img src="images/pic.jpg" alt=" 重庆夜景 ">
```

src属性代表图片路径，该路径可以是绝对路径，也可以是相对路径。

alt 属性指定替代文本，用于在图像无法显示或者用户禁止图像显示时，代替图像显示在浏览器中的内容。

5.3.8　相对路径与绝对路径

1. 绝对路径

绝对路径是完整的路径。

它可以来源于本机中的物理地址，如src="D:/mysite/image/pic.jpg"；

它也可以来源于Internet的网络路径，如src="http://www.sina.com.cn/img/pic.jpg"。

2. 相对路径

相对路径是以当前文档所在的路径和子目录为起始目录，进行相对于文档的查找。制作网页时通常采用相对路径，这样可以避免站点中的文件整体移动后，产生找不到图片或其他文件等现象。相对路径的写法及含义如表5-9所示。

表5-9 相对路径的写法及含义

HTML 文件位置	图像位置和名称	相对路径	描述
d:\demo	d:\demo\pic.jpg	`<img src="pic.jpg">`	网页与图片均在同一目录
d:\demo	d:\demo\image\pic.jpg	`<img src="image/pic.jpg">`	图像在网页下一层目录
d:\demo	d:\ pic.jpg	`<img src="../pic.jpg">`	图像在网页上一层目录
d:\demo	d:\image\ pic.jpg	`<img src="image/pic.jpg">`	两者在同一层目录，但不在同一目录

下面介绍一个插入图片的示例。要求在1.html内插入01.jpg和02.jpg两张图片。文件结构如图5-8所示。请写出相应HTML代码。

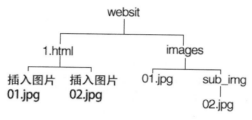

图5-8 文档结构

HTML源文件如下。

```
<img src="images/01.jpg" alt="图片 1">
<img src="images/sub_img/02.jpg" alt="图片 2">
```

5.3.9 案例实现：图文板块制作

本案例制作网页中的局部栏目，最终实现效果如图5-9所示，本书会提供一张294px×333px的图片，如图5-10所示。

图5-9 栏目局部效果

图5-10 栏目局部图片

1. 请思考

（1）最终效果比提供的原图要小，那么盒子的宽、高应该以谁的为准？

（2）结构中需要使用哪些标签？答案不唯一，需要说出理由。

（3）文字的效果有哪些，需要哪些样式？

（4）图片与大盒子、图片与标题、标题与内容之间的距离可以用盒子模型的什么属性来表示？

（5）最终效果有圆角和阴影来增强显示效果，可以用什么属性来实现？

2. 案例分析

从结构来看，可以用\<div>或者\<section>作为整体框架，上面为插入图片，有一个标题，通过\<hn>表示，下面的文字可以用\<div>或\<span>标签显示。从样式来看，需要设置每个内容的外边距属性margin、盒子的圆角属性border-radius、盒子的外阴影属性box-shadow。

HTML5代码如下。

代码5-5　栏目局部HTML5代码

```
<div class="course">
    <img src="img/first.jpg" alt="解锁前端面试体系核心攻略 " class="title_img">
    <h5>解锁前端面试体系核心攻略 </h5>
    <div class="mark"> ￥78.00</div>
</div>
```

CSS3代码如下。

代码5-6　栏目局部CSS3代码

```
*{
    margin:0;
    padding:0;
}
.course{
    width: 211px;
    height: 301px;
    background-color: rgb(249,252,255);
    box-shadow: 5px 10px 10px rgb(237,238,238);
    border-radius: 10px;
}
. title_img{
    margin-left: 30px;
    margin-top: 30px;
}
.course h5{
    font-size: 16px;
    margin-top: 20px;
    margin-left: 10px;
}
. mark {
    font-size: 12px;
    color: red;
```

```
    font-weight: bold;
    margin-top: 10px;
    margin-left: 10px;
}
```

大家也许发现了，标签最终占的宽度和高度并不一定是我们设置的值，那么它们究竟是怎么计算的呢？

标签最终在网页里所占的总宽度=自己本身的宽度+标签的边框宽度+标签的内边距+标签的外边距。

为父标签指定的宽度一定不能小于它里面所有子标签累计占的宽度，否则排版一定会错位。

同理，标签最终在网页里所占的总高度=自己本身的宽度+标签的边框宽度+标签的内边距+标签的外边距。

5.4 图文列表制作

图文列表的表现形式多样，但万变不离其宗。本节将引入定位和动画来完成有交互性的图文列表的制作。通过本节的案例，你会发现网页中80%的模块都可以完成了，网页制作也越来越有意思啦。

本节要点

（1）能准确分析绝对定位、相对定位的特点。

（2）能解释定位对页面的影响。

（3）理解z-index与定位的关系及作用。

（4）掌握隐藏、显示属性的设置及应用场景。

（5）能独立完成CSS3过渡动画及变形样式的设置。

（6）能正确分析HTML结构，并能取最优解，提高工作效率。

5.4.1 相对定位

定位

相对定位（position:relative）是标签相对自己在标准流的位置（以标签左上角为起点）进行垂直或水平方向的上下左右的偏移，然后标签会改变自己本身的位置，而移动到重新定义的位置。其语法结构如下。

```
position:relative;
top:20px;
left:30px;
```

上述代码的意思为标签相对于自己的左上角向下偏移20px，向右偏移40px。

需要注意的是，设置了相对定位的标签不仅偏移了某个距离，还占据着自己原本占有的空间，可能会影响其他标签的显示。

在图5-11中对框2进行了相对定位，它向右移动30px，向下移动20px，并且保留了自己原本的位置，但框3的位置并没有受到任何影响，只是内容被框2遮挡。

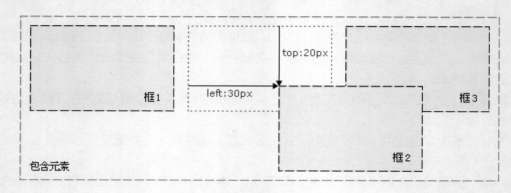

图5-11　相对定位示例

5.4.2　绝对定位

绝对定位（position:absolute）与相对定位不同，对标签进行绝对定位时，参照的是已定位的父级乃至祖先级标签的位置，如果标签没有已定位的祖先标签，则参照body标签的最左上角来定义。绝对定位使标签的位置与标准流无关，因此标签不占据空间。其语法结构如下。

```
position: absolute;
top:20px;
left:30px;
```

上述代码的意思是，参照框2的父级标签的左上角（父级标签已经设置定位属性）向右偏移30px，向下偏移20px。但是原本在中间的框2会完全脱离标准流，并且影响到下一个标签框3，如图5-12所示。

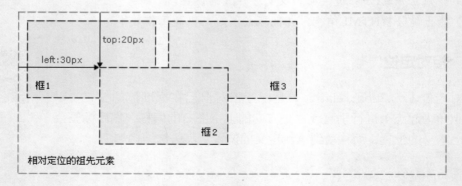

图5-12　绝对定位示例

5.4.3　层级

层级属性z-index用来设置标签的堆叠顺序。这时，页面不再是平面的，而拥有纵向的层级关系，也就是 z 轴。z-index仅能对定位标签有效，也就是说标签要么绝对定位，要么相对定位，才能有效使用z-index属性。其语法结构如下。

```
z-index: 数值;
```

z-index属性值可以为负数，数值大的标签在数值小的标签上面。可以理解为z-index可以将一个标签放置在另一个标签的前面或者后面。该属性默认值为0。

例如，在图5-13（a）所示的3个框中，假设为框2添加z-index:-1属性，由于其他两个框的默认堆叠数值为0，-1比0小，因此框2将位于其他两个框下面。

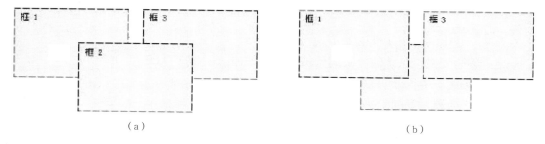

（a）　　　　　　　　　　　　　　　　　　（b）

图5-13　改变绝对定位标签的堆叠顺序的前后效果

代码如下。

```
#box2{
    position: absolute;
    left: 30px;
    top: 20px;
    z-index:-1
}
```

5.4.4　CSS3的过渡动画

CSS3的
过渡动画

动画效果是CSS3最吸引人的部分之一。CSS3已经变得非常强大，以前网页里必须依靠Flash或者JavaScript代码才能实现的动画效果，现在可以靠纯CSS代码完成。

CSS过渡是通过定义标签起点的状态和结束点的状态，在一定的时间区间内实现标签平滑过渡或变化的一种补间动画机制。

通过transition可以决定哪个属性（可以明确地列出这些属性）产生动画效果、何时开始动画（通过设置delay）、动画持续多久（通过设置duration），以及动画效果（通过定义timing()函数，比如线性地或开始快结束慢）。

1. 变换的属性名称 transition-property

该属性可以单独指定标签的哪些属性改变时执行过渡（transition），比如指定背景颜色属性background改变，宽度属性width改变，高度属性height改变等。其语法结构如下。

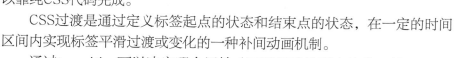

初始默认值为all，表示指定标签的任何属性都会执行动画效果。

指定为none时，动画立即停止。

2. 过渡持续时间 transition-duration

该属性用来指定标签过渡过程的持续时间。时间值可以s（秒）为单位，也可以以ms（毫秒）为单位，其中1000ms=1s。其默认值是0s，即无过渡效果。其语法结构如下。

```
transition-duration: 持续时间（秒或者毫秒）;
```

3. 过渡速率变化 transition-timing-function

该属性指定CSS属性的速率变化，简单来说就是先快后慢、先慢后快、匀速还是逐渐变慢。

关于速率变化的常用属性值如下。

ease：逐渐变慢，默认值，等同于贝塞尔曲线(0.25, 0.1, 0.25, 1.0)。

linear：匀速，等同于贝塞尔曲线(0.0, 0.0, 1.0, 1.0)。

ease-in：加速，等同于贝塞尔曲线(0.42, 0, 1.0, 1.0)。

ease-out：减速，等同于贝塞尔曲线(0, 0, 0.58, 1.0)。

ease-in-out：加速然后减速，等同于贝塞尔曲线(0.42, 0, 0.58, 1.0)。

关于贝塞尔曲线的相关知识本书不做扩展，有兴趣的读者可查阅相关书籍。

其语法结构如下。

```
transition-timing-function:ease | ease-in-out | linear | ease-in | ease-out;
```

4. 过渡延迟时间 transition-delay

该属性指定延迟动画执行的时间，即当改变标签属性值后多长时间开始执行动画效果，初始默认值为0；取值方式和动画持续时间一样，其单位为s（秒）或ms（毫秒），其语法结构如下。

```
transition-delay: 延迟时间（秒或者毫秒）;
```

5. transition 的简写属性

过渡属性可以简写，即将多个属性值写到一条语句里，例如：

```
transition:width 2s ease 500ms,border 2s linear,background-color 1s
ease-in 0.5s;
```

这条语句表示标签的宽度在500ms后开始动画，持续时间2s；边框匀速动画，持续时间2s；背景颜色在0.5s以后加速动画，持续时间1s。

5.4.5　CSS3的2D变形

在2D空间中，标签可以被移位、倾斜、缩放、旋转，2D变形围绕 x 轴和 y 轴进行，也就是我们常说的水平轴和垂直轴。其语法结构如下。

```
transform:translate(x,y) | scale(x,y) | rotate(xdeg, ydeg) | skew(xdeg,ydeg);
```

1. 位移函数 translate()

使用translate()函数，可以把标签从原来的位置沿着 x 轴、y 轴移动，而不影响在 x 轴、y 轴上的任何组件。translate()函数可以取一个值tx，也可以同时取两个值tx和ty，其语法结构如下。

```
transform:translate(x,y);
```

其取值具体说明如下。

x是一个代表在 x 轴（横坐标）移动的向量长度，当其值为正值时，标签沿 x 轴右方向移动，反之，标签沿 x 轴左方向移动。

y是一个代表在 y 轴（纵向标）移动的向量长度，当其值为正值时，标签沿 y 轴下方向移动，当其值为负值时，标签沿 y 轴上方向移动。

只有一个值时，它默认为x的值，y默认值为0。

也可为 x 轴和 y 轴单独设定位移值。

```
transform: translateX (x) | translateY (y);
```

2. 缩放函数 scale()

缩放函数scale()可以让标签根据中心原点进行缩放，默认值为1，其语法结构如下。

```
transform:scale(x,y);
```

其中，x代表水平方向的缩放，y代表垂直方向的缩放。取值范围为− ∞ ～ 0，0～1的任何值，可以使标签缩小；而任何大于或等于1的值，都可让标签放大。scale()缩放函数和translate()函数的语法非常相似，它可以接收一个值，也可以同时接收两个值，只有一个值时，其第二个值默认与第一个值相等，相当于同比例缩放。例如，使用scale(1,1)，标签不会有任何变化，而scale(2,2)让标签沿 x 轴和 y 轴放大两倍。当它接收0时，标签就会消失。

也可以指定在 x 轴和 y 轴单独缩放。

```
transform: scaleX(x) | scaleY(y);
```

3. 旋转函数 rotate()

旋转函数rotate()通过设定的角度使标签根据原点进行旋转。括号中的值表示旋转的幅度。如果这个值为正值，则标签相对原点中心顺时针旋转；如果这个值为负值，则标签相对原点中心逆时针旋转。rotate()函数只接收一个值，其语法结构如下。

```
transform:rotate(deg)。
```

若需要改变原点位置，则可以通过transform-origin属性重置标签的旋转原点。

```
img{
    transform-origin: top left;        /* 改变原点至左上角 */
    transform: rotate(45deg);          /* 根据上述原点位置顺时针旋转 45° */
}
```

4. 倾斜函数 skew()

倾斜skew()函数能够让标签倾斜显示。它可以将一个对象围绕其中心位置沿着 x 轴和 y 轴按照一定的角度倾斜。这与rotate()函数的旋转不同，rotate()函数只是旋转，而不会改变标签的形状。skew()函数不会旋转，而只会改变标签的形状。其语法结构如下。

```
transform: skew(x, y);
```

x表示指定标签的水平方向倾斜的角度，y表示指定标签的垂直方向倾斜的角度。若只有一个值，则为 x 轴的倾斜角度，y 轴的倾斜角度默认为0。

与scale()一样，也可以只为 *x* 轴和 *y* 轴的倾斜角度单独定义。

```
transform: skewX (x) | skewY (y);
```

skew()函数以标签的原中心点为基点对标签进行倾斜变形，但是我们同样可以根据transform-origin属性，重新设置标签基点对标签进行倾斜变形。

5. 变形原点

该属性只有在设置了transform属性时才起作用。默认情况下，标签的变形原点就是中心位置。它的语法结构如下。

```
transform-origin: left bottom | 0% 100%;
```

该属性取值可以是具体的方位值，也可以是百分比、像素值等具体的值。标签的默认中心位置为transform-origin: 50% 50%。

6. 矩阵函数

matrix()不常用，有需要可以查看参考资料。

5.4.6　CSS3的3D变形

三维变换使用基于2D变换的相同属性，如果已经掌握了2D变形，就会觉得3D变形的功能和2D变换的功能相当类似。其差别在于除 *x* 轴和 *y* 轴之外，还有一个 *z* 轴。这些3D变换不仅可以定义标签的长度和宽度，还有可以定义深度。CSS3中的3D变换主要包括以下几种。

1. 3D 位移

CSS3中的3D位移主要涉及translateZ()和translate3d()两个功能函数；translate3d()函数使一个标签在三维空间移动。这种变形的特点是，使用三维向量的坐标定义标签在每个方向移动多少。其基本语法结构如下。

```
transform: translate3d(x,y,z);
```

其参数值说明如下。

x：代表 *x* 轴位移向量的长度。

y：代表 *y* 轴位移向量的长度。

z：代表 *z* 轴位移向量的长度。此值不能是一个百分比值，如果取值为百分比值，则认为是无效值。

在CSS3中，3D位移除了translate3d()函数之外，还涉及translateZ()函数。translateZ()函数的功能是让标签在3D空间沿 *z* 轴进行位移，其基本语法结构如下。

```
translateZ(z)
```

其中z指的是 *z* 轴的向量位移长度。

使用translateZ()函数可以让标签在 *z* 轴进行位移，当其接收负值时，标签在 *z* 轴越移越远，导致标签变得较小。当接收正值时，标签在 *z* 轴越移越近，导致元素变得较大。

translateZ()函数在实际使用中等同于translate3d(0,0,z)。仅从视觉效果上看，translateZ()和translate3d(0,0,tz)函数功能非常类似二维空间的scale()缩放函数，但实际上完全不同。translateZ()和translate3d(0,0,tz)变形发生在 z 轴上，而不是 x 轴和 y 轴。

2. 3D 缩放

CSS3中的3D缩放主要涉及scaleZ()和scale3d()两个功能函数；当 x 轴和 y 轴的缩放比例同时为1时，即scale3d(1,1,sz)，其效果等同于scaleZ(sz)。使用3D缩放函数，可以让标签在 z 轴上按比例缩放。x、y 轴的默认值为 1，当值大于 1 时，标签放大，当值小于 1、大于0.01时，标签缩小。其语法结构如下。

```
transform: scale3d(x,y,z);
```

其参数值说明如下。

x：x 轴缩放比例。

y：y 轴缩放比例。

z：z 轴缩放比例。

同位移属性一样，缩放也可以只设置 z 轴缩放，即scaleZ(z)函数。其取值说明如下。

z：指定标签每个点在 z 轴的缩放比例。

scaleZ(-1)定义了一个原点在 z 轴的对称点（标签的变换原点）。

scaleZ()和scale3d()函数单独使用时没有任何效果，需要配合其他变形函数一起使用才会有效果，如transform:scaleZ（2）rotate（45deg）。

3. 3D 旋转

CSS3中的3D旋转主要涉及rotateX()、rotateY()、rotateZ()和rotate3d()4个功能函数。

在2D变形中，我们已经了解了如何让一个标签在平面上顺时针或逆时针旋转。在3D变形中，我们可以让标签在任何轴旋转。为此，CSS3新增3个旋转函数：rotateX()、rotateY()和rotateZ()。

rotateX()函数允许标签围绕 x 轴旋转；rotateY()函数允许标签围绕 y 轴旋转；rotateZ()函数允许标签围绕 z 轴旋转。

rotateX()和rotateY()与2D变形中的函数使用方法是一样的，区别在于rotateZ()函数指定标签围绕 z 轴旋转。其基本语法结构如下。

```
rotateZ(z)
```

rotateZ()函数指定标签围绕 z 轴旋转，如果仅从视觉角度上理解，rotateZ()函数让标签顺时针或逆时针旋转，并且效果和rotate()效果等同，但它不是在2D平面的旋转。

在三维空间里，除了rotateX()、rotateY()和rotateZ()函数可以让一个标签在三维空间旋转之外，还有rotate3d()函数。在3D空间中，除了可以绕 x 轴、y 轴、z 轴旋转，还可以绕自定义轴旋转。其基本语法结构如下。

```
transform: rotate3d(x,y,z,a);
```

rotate3d()的参数值说明如下。

x：是一个0~1的数值，表示旋转轴 x 坐标方向的矢量。

y：是一个 0~1 的数值，表示旋转轴 y 坐标方向的矢量。

z：是一个 0~1 的数值，表示旋转轴 z 坐标方向的矢量。（矢量通俗地说就是点到点之间的距离，正负表示方向的反正，与大小无关。）

a：是一个角度值，主要用来指定标签在3D空间旋转的角度。如果其值为正值，则标签顺时针旋转，如果其值为负值，则标签逆时针旋转。

4. 透视 perspective 属性

3D变形中有一个很重要的属性就是透视属性，有了透视，立体感就有了，更能体现3D效果。其语法结构如下。

```
transform:perspective(500px);
```

其参数值可以是正数也可以是负数。这个值表示从这个透视长度查看标签的所有子标签。

5. 3D 矩阵

CSS3中的3D变形和2D变形一样，也有一个3D矩阵功能函数matrix3d()，这里不详解。

注意：倾斜是2D变形，不能是三维空间变形。标签可能会在 x 轴和 y 轴倾斜，然后转化为三维，但它们不能在 z 轴倾斜。

5.4.7　隐藏与显示属性

CSS还有很多与显示相关的属性，比如块级标签和内联标签的转换、标签是否隐藏或显示。下面介绍常用的3个属性。

1. display 属性

从前面的讲解中我们知道了什么是块级标签，什么是内联标签。display属性可以定义标签的显示类型，属性值block表示以块级标签的方式显示标签，inline表示以内联标签的方式显示标签，none表示不显示标签。

内联标签是无法定义高度的。它是依附于其他块级标签存在的，因此，对行内标签设置高度、宽度、内外边距等属性，都是无效的，它的宽度、高度都是由内容本身决定的。将一个内联标签（如a标签）改为块级标签后，该标签会具有块级标签的属性，如会单独占据一样，其他与它在同一行的标签会被迫换行，转到下一行，也可以设置高度、宽度、内外边距等属性来调整标签的样式。display常用属性值及说明如表5-10所示。

表5-10　　　　　　　　　　　display常用属性值及说明

属性值	说明
none	标签不会显示
block	标签将显示为块级标签，标签前后会带有换行符
inline	默认值，标签会显示为内联标签，标签前后没有换行符
inline-block	行内块级标签

2. overflow 属性

overflow属性规定当内容溢出标签框时发生的事情。overflow常用属性值及说明如表5-11所示。

属性值	说明
表5-11	overflow常用属性值及说明
visible	默认值，内容不会被裁剪，会呈现在标签框之外
hidden	内容会被隐藏，并且其余内容是不可见的
scroll	内容会被修剪，但是浏览器会显示滚动条，以便查看其余的内容
auto	根据内容多少，自动决定是否修剪，并通过滚动条查看其余的内容

扩展用法：

```
overflow-x: 属性值；
overflow-y: 属性值；
```

以上代码可以在水平方向和垂直方向单独规定溢出标签的显示方式。

3. opacity 透明属性

当我们需要将某些标签表现为半透明效果时，需要使用opacity属性。其语法结构如下。

```
opacity: 透明度值；
```

透明度值取值范围为0~1。1表示不透明，0表示完全透明，0~1的小数表示半透明。

5.4.8　案例实现：图文列表制作

在"5.3.9案例实现：图文板块制作"的基础上，实现当鼠标指针移至图片上时图片缓慢变大，当鼠标指针离开图片后图片缓慢还原的效果。

1. 请思考

（1）动画何时发生?
（2）谁发生了变化?
（3）设置谁的transition属性? 为什么?
（4）鼠标指针移至图片上时图片变化的关系如何表现?

2. 案例分析

鼠标指针移至图片上时图片放大，需要给img加上transform:scale()属性，动画的发生是在course类course的hover状态下，动画的持续时间应写在默认属性中，如果写在hover状态下，则会发现鼠标指针离开图片时不会产生过渡效果。

其CSS代码如下所示，加粗部分为新添代码，代码如下。

代码5-7　图文列表CSS3代码

```
*{
    margin:0;padding:0
}
.course{
    width: 211px;
    height: 301px;
    background-color: rgb(249,252,255);
```

```
       box-shadow: 5px 10px 10px rgb(237,238,238);
       border-radius: 10px;
}
. title_img{
    margin-left: 30px;
    margin-top: 30px;
    transform:scale(0.8);        /* 图片默认压缩为原尺寸的 0.8 倍 */
    transition:all 0.5s;         /* 动画过渡时间为 0.5s，all 在这里可以改为 transform
属性 */
}
.course h5{
       font-size: 16px;
       margin-top: 20px;
       margin-left: 10px;
}
. mark {
       font-size: 12px;
       color: red;
       font-weight: bold;
       margin-top: 10px;
       margin-left: 10px;
}
.course:hover img{
    transform:scale(1);          /* 鼠标指针移至图片上时，图片大小缩放比例为 1*/
}
```

5.5 本章小结

本章通过Web交互界面设计的常见案例，将盒子模型、超链接、浮动、定位等相关的HTML5标签根据内容合理运用，而不是为了样式生搬硬套。语义化是HTML5最显著的特性之一，它不仅可以在没有CSS的情况下，更好地呈现内容结构，而且对SEO非常友好，能提升团队开发协同效率。在使用CSS3的过程中，需要养成初始化和模块化思想，减少代码冗余，提升代码复用性。本章中的HTML5基础与CSS3基础是掌握和应用交互界面的基础，随着互联网技术革新，也许还会有更多新的内容产生，大家应保持一颗永远学习的心，拥抱新技术。

5.6 本章习题

1. 选择题

（1）对于样式#p1{ float:left; display:inline; }，则标签#p1将以哪种标签显示？
（   ）

    A. block   B. inline-block   C. inline   D. flex

（2）关于浮动，下列哪条样式规则是不正确的？（　　）

    A．p { float: left; margin: 6px; }

    B．p{ float: right; right: 6px; }

    C．p { float: right; width: 80px; }

    D．p { float: left; position:relative; }

（3）下列哪项与其他项不属于同一类？（　　）

    A．transform   B．transition

    C．text-transform   D．translate

（4）下列哪项不是用来设置边框的属性的？（　　）

    A．Border-image   B．Border-radius

    C．Border-style   D．Border-width

（5）下列选择器中，优先级最高的是（　　）。

    A．h1   B．header h1.one

    C．p.note em.dark   D．#two

（6）有如下结构：

```
<div class="box">
    <div class="s1">1</div>
    <div class="s2">2</div>
</div>
```

如果要让s1覆盖s2，则可能的做法是（　　）。

    A．s2绝对定位，box相对定位

    B．s2相对定位，box相对定位

    C．s1绝对定位，box相对定位

    D．s1绝对定位，box绝对定位

（7）用于去掉<ol>和<ul>自带的列表符号的样式是（　　）。

    A．list-style:square;   B．list-style:none;

    C．list-style:circle;   D．list-style:lower-alpha;

2. 简答题

（1）简述什么是盒子模型并分析其包含的属性。

（2）简述CSS中的display属性有哪些取值，各有什么作用。

（3）在CSS中，设置标签的透明度有哪两种方法？

（4）如何用选择器选中一系列兄弟标签中除第一个标签外的其他所有标签？

（5）请阐述相对定位、绝对定位的特点，并列举其使用场景。

3. 操作题

（1）完成图5-14所示的新闻列表的制作（可参照百度热榜）。

百度热榜　　　　　　　　　　　　　　　　　　↻ 换一换

1　数据能折射经济热度吗？ 热　　　　　　　　465万

2　感染支原体一定会得肺炎是假的　　　　　　449万

3　英雄，欢迎回家 新　　　　　　　　　　　　433万

4　如何判断呼吸道疾病是哪种病原体　　　　　418万

5　儿童就诊高峰：最近情况有变　　　　　　　403万

图5-14　新闻列表

（2）完成图5-15所示的图文列表（图片可自选）。

案例展示
CASE

家庭中央空调
2023/07/23

家庭中央空调
2023/07/23

家庭中央空调
2023/07/23

家庭中央空调
2023/07/23

图5-15　图文列表

第 6 章

HTML5 和 CSS3 进阶

Web交互界面中还经常出现注册、登录、表格数据展示，随着现在移动设备的使用频率越来越高，还需掌握响应式设计、flex布局等新知识，这些将在本章中一一阐述。

6.1 HTML5表格

表格基本操作

表格曾经风靡一时，用于数据展示和页面布局。而目前网络中的网页通常采用div元素来进行布局，仅仅使用表格来展示数据，因为用表格比用div元素更方便、简洁。如网页中的数据统计表，使用表格可以更清晰地排列数据。在网页的实际制作过程中，表单网页如注册登录页面则更多地采用表格布局，因为表格对表单的位置控制更强大、更灵活。熟练使用表格对于制作网页来说如虎添翼。

本节要点

（1）通过对表格的操作，合理进行数据展示。

（2）能通过表单的应用，完成HTML5的表单布局。

（3）能正确对媒体对象分类，并合理使用。

（4）学会总结应用，具有不断获取知识的能力。

6.1.1 表格基本属性

表格常常用于显示数据，便于快速引用和查找分析。

1. 表格标签

Word或者Excel中的表格具有行和列，网页中的表格同样具有行和列。我们在HTML文档中创建表格时，首先需要确定创建几行几列的表格，然后才开始创建表格。因此，表格由3个基本元素组成：table元素、tr元素、td元素。

（1）table元素：用来定义表格，整个表格包含在<table>和</table>标签中。

（2）tr元素：用来定义表格中的行。一对<tr></tr>标签表示表格中的一行。它也是单元格容器，一行中可以包含若干个单元格。

（3）td元素：表格的列标签，也是表格的单元格，包含在表格的行标签<tr>中。每个单元格用一对<td></td>标签表示。

（4）th元素：有时候我们会看到表格中存在th元素，其实它与td元素一样也可以表示表格的单元格，但不同的是，它可以用来创建表格的头信息单元格，俗称表头元素，一般用在表格的第一行或者第一列。表头元素从样式上看，其实就是单元格内的文字进行了加粗设置。因此，我们在使用表格时不常用表头元素，而直接采用单元格td元素，只需要设置样式来实现表头效果。

（5）caption元素：表格的标题标签。通过它可以对创建表格的目的和作用做简单的说明。caption元素内的内容即为表格的标题。caption元素只能定义在table元素的开始标签之后，tr元素之前，并且一个表格即一个table元素中仅能定义一个caption元素。

2. 表格的基本结构

在表格中，先有行，再有列，<table>标签中包含行标签<tr>，行标签<tr>中包含列标签<td>。

表格的基本结构如下。

代码6-1　表格标签

```
<table>
<tr>                             <!-- 第一行 -->
    <th> </th>      <!-- 第一行第一列 -->
    <th> </th>      <!-- 第一行第二列 -->
  </tr>
  <tr>
    <td> </td>       <!-- 第二行第一列 -->
    <td> </td>       <!-- 第二行第二列 -->
  </tr>
</table>
```

3. 表格的属性

HTML中的每个标签都具有它自身特有的属性，表格在网页中的表现也是通过HTML标签展现的，因此，它的每个标签都具有相对应的属性。

（1）<table>标签的width、height和border属性

```
<table width="600"height="500"border="1">...</table>
```

width属性：用来设置表格的宽度。

height属性：用来设置表格的高度。

border属性：用来设置表格边框的粗细。它的属性值只能是整数，不能是小数。并且<td>标签会继承边框的粗细，也会具有设置像素的边框线。但可以在样式表中重新定义单元格的边框样式。

提示：<tr>和<td>以及<th>标签也都可以设置width和height属性。但是<tr>设置width属性是没有效果的，因为行宽在<table>标签中已定义，即表格的宽度，在行标签中设置宽度（width）无效。<tr>标签可以设置height属性，即行高，是有效的。每对<td></td>标签都可以设置width和height属性。但是同一行中单元格的高度是以这一行中最大的高度为标准的；同一列中单元格的宽度是以这一列中最大的宽度为标准的。

（2）<td>标签的水平对齐方式align和垂直对齐方式valign属性

表格中的单元格具有水平方向对齐和垂直方向对齐两种对齐方式。其中align属性用于设置水平对齐方式，valign属性用于设置垂直对齐方式。但通常我们会将结构、样式分离，将对齐属性写在CSS中。

（3）表格的背景属性

表格的背景分为背景颜色和背景图像。通常情况也把这些属性写到CSS中。

bgcolor属性：用来设置整个表格或者某个单元格的背景颜色。

background属性：用来设置整个表格或者某个单元格的背景图像。

背景属性设置在<table>标签中，表示设置的是整个表格的背景，它可以被行、列或者单元格设置的背景颜色或背景图像覆盖；背景属性设置在<tr>和<td>标签中，表示设置的是某一行或某一单元格的背景颜色或背景图像，只显示在某个标签的范围区域。

6.1.2　单元格的合并及拆分

表格中的单元格可以合并，也可以拆分。

1.　单元格的合并

合并单元格是将表格中相邻的多个单元格合并成一个单元格，有横向上的合并和纵向上的合并两种。

（1）横向合并单元格

横向合并单元格就是将一行中的几个单元格合并，合并的是单元格的列数，用属性colspan来进行设置，相应地，对应行中的单元格个数对应减少。属性值是一个数字，表示合并的单元格的个数。

（2）纵向合并单元格

纵向上的单元格合并是将同一列中的几个单元格合并，合并的是一列单元格的行数，用属性rowspan来进行设置，相应地，其他行中的单元格个数对应减少。它的属性值也是一个数字，表示合并的单元格的个数。

在对单元格合并的实际应用中，并不一定只有横向上的合并或者只有纵向上的合并，有时候既有横向上的合并，又有纵向上的合并，即将相邻的多行多列单元格合并。合并后的单元格中既有colspan属性，又有rowspan属性。

2.　单元格的拆分

一个单元格可以拆分成多个单元格。单元格拆分时可以拆分成多行，也可以拆分成多列。

单元格的拆分实质是对其他相关的单元格进行纵向或横向的合并操作。例如，将一行中的一个单元格拆分成两行的两个单元格，而这一行中的其他所有单元格都在纵向上合并了两个单元格，分别增加了rowspan="2"的属性，并且表格会增加一行，即多了一对<tr>标签，<tr>标签中只有一对<td>标签。

6.1.3　表格的嵌套

　　表格可以用来布局网页，但是网页的栏目板块有时候是不规则展示的。因此，用标准的表格布局不规则的网页栏目时，会采用一定的表格嵌套。

　　表格的嵌套就是在建立的表格中的某一个单元格中再创建一个表格。

　　注意： 现在复杂的表格嵌套用得很少了，几乎不会用到页面布局中。

6.1.4　案例实现：课程表制作

　　请使用表格制作图6-1所示的课程表。

课程表

	星期一	星期二	星期三	星期四	星期五
一	大学语文	大学英语	高等数学		大学英语
二	计算机导论	软件工程	人机交互	人机交互	软件工程
中午	午休				
三	大学体育				
四		计算机导论			

图6-1　课程表效果

1. 请思考

（1）"课程表"几个字如何显示？

（2）一个几行几列的表格通过哪些标签实现？

（3）黄色的表头部分用什么标签制作？

（4）午休及大学体育部分的单元格如何进行纵/横向合并？

2. 案例分析

　　<caption>用于制作表格的标题，课程表是一个6行6列的表格，第一行单元格用<th>制作，其余几行的第一个tr同样用th代替，这样其中的文字就自动具有加粗及居中效果。午休单元格的制作需要合并列，通过<colspan>实现，大学体育单元格的制作需要合并行，用rowspan实现。

　　HTML5代码如下。

代码6-2　课程表的HTML5代码

```
<table >
    <caption>课程表 </caption>          <!-- 表格的标题 -->
    <tr>                                <!-- 第一行 -->
        <th > </th>                <!-- 第一行的 6 个表头，用 <th> 制作 -->
        <th > 星期一 </th>
        <th > 星期二 </th>
        <th > 星期三 </th>
        <th > 星期四 </th>
```

```
                <th> 星期五 </th>
        </tr>
        <tr>
                <th> 一 </th>                        <!-- 每行的第一列表头用<th>制作 -->
                <td > 大学语文 </td>
                <td > 大学英语 </td>
                <td > 高等数学 </td>
                <td > </td>
                <td > 大学英语 </td>
        </tr>
        <tr>
                <th> 二 </th>
                <td > 计算机导论 </td>
                <td > 软件工程 </td>
                <td > 人机交互 </td>
                <td > 人机交互 </td>
                <td > 软件工程 </td>
        </tr>
        <tr>
                <th> 中午 </th>
                <td colspan="5"> 午休 </td>              <!-- 多列合并 -->
        </tr>
        <tr>
                <th> 三 </th>
                <td rowspan="2"> 大学体育 </td>          <!-- 多行合并 -->
                <td > </td>
                <td > </td>
                <td > </td>
                <td > </td>
        </tr>
        <tr>
                <th> 四 </th>
                <td > 计算机导论 </td>
                <td > </td>
                <td > </td>
                <td > </td>
        </tr>
</table>
```

CSS3代码如下。

代码6-3　课程表的CSS3代码

```
table{
    border-collapse: collapse;                 /* 合并单元格边框 */
}
td,th{
    border:1px solid #000;
    text-align: center;
    height: 30px;
}
th{
    background: #ffc549;
}
```

6.2　HTML5表单

　　HTML表单通常在网页中表现为注册页面、登录页面、调查信息表、订单页面以及一些搜索页面等。这些页面主要用来搜集用户信息，并将这些收集的信息发送到服务器进行处理。因此，表单是客户端与服务器端传递数据的桥梁，也是用户与服务器之间实现相互交互最主要的方式之一。

本节要点

（1）熟悉HTML常用表单，并能分类列举。
（2）能合理使用表单元素的属性。
（3）能通过表单的应用，完成HTML5的表单布局。

HTML5中的
表单

6.2.1　表单基本属性

1．HTML 表单基本属性

　　网页中的表单用<form></form>标签创建。该标签是双标签，用一对标签分别定义表单的开始位置和结束位置，表单控件应全部包含在<form></form>标签内。在表单的开始标签<form>中可以设置表单的基本属性，包括表单的名称属性name、处理表单数据的目标程序属性action，以及传送数据的方法属性method等。表单标签<form>相当于表单的容器，里面除了表单控件外，还可以有其他文本元素，如段落、列表等。

　　表单标签常用的属性如下。

　　（1）name属性：用来设置表单的名称。

　　（2）action属性：用于设定表单数据处理程序URL。

　　例如，http://localhost/test.asp。

　　（3）method属性：规定以何种方式发送表单数据。常用的属性值有2种。

　　• get方式：将表单中的数据加在action指定的地址后面传送到服务器，即将表单控件中的输入数据作为URL变量的形式发送到服务器。这种方式传送的字段小，安全性低。敏感数据千万不要用get发送，会在URL中可见。

　　• post方式：将表单中所有控件的输入数据作为HTTP post事务的形式发送到服务器。这种传输方式传送的字段大，安全性高。

　　例如，<form name："product"action="submit.html"method="post">…</form>。

2．创建表单控件

　　用户与表单交互是通过表单的控件进行的。表单控件通过name属性标识，通过value属性值获取输入数据。表单的提交是通过表单的提交按钮完成的。

　　现在，我们来创建表单控件。在表单控件中，input元素可以定义表单中的大部分控件，控件的类型由type属性值决定，不同的type属性值对应不同类型的表单控件，如表6-1所示。

表6-1 input元素的type属性值

type 属性值	控件的类型说明
text（默认）	表示单行输入文本框
password	表示密码框，输入的数据用星号显示
radio	表示单选框
checkbox	表示复选框
file	表示文件域，由一个单行文本框和一个浏览按钮组成
submit	表示提交按钮，将表单数据发送到服务器
reset	表示重置按钮，将重置表单中的数据，以便重新输入
button	表示普通按钮，应用 value 属性值定义按钮上显示的文字
image	表示图像按钮
hidden	表示隐藏文本框

除了type属性，input元素还有一些常用的属性，如下所示。

（1）属性name：为表单控件定义一个名称标识，这个名称将与控件的当前值组成"&名称=值"随着表单数据一同提交。

（2）属性value：用于指定初始值，即默认的显示值，当文本框中没有输入信息时，在网页中显示出来的初始值。它是可选的，可以不设置，但是value属性非常重要，因为它的值将会被发送到服务器。单选框和复选框都最好设置value属性，这样提交数据时也可以将用户选择的单选框和复选框中的信息提交。

（3）属性size：设置表单控件的初始宽度，其值以字符数为单位。

（4）属性checked：checked属性只适用于单选框和复选框，且只有一个属性值，属性值也为"checked"。它指定单选框或复选框是否处于选中状态。当表单控件（单选框或复选框）设置该属性时，表示该表单控件被选中，没有设置，则表示该表单控件没有被选中。

（5）属性maxlength：指定表单控件中可以输入的最大字符数，数值可以超过size属性设置的数值。该属性常用于单行输入文本框和密码框。如果某表单控件不设置该属性，则表示该表单控件对输入字符数没有限制。

（6）属性src：只针对type="image"的图像按钮，用来设置图像文件的路径。

（7）属性readonly：用于在文本框中显示文本，而不能输入数据。

6.2.2 HTML5新增表单控件

HTML5新增了一些表单控件，如input元素。表6-2列出了HTML5新增的表单控件。

表6-2 HTML5新增的表单控件

表单控件	控件的类型说明
color	调色板控件，目前呈现为单行文本框

表单控件	控件的类型说明
date	日期控件
datetime	日期和时间控件
datetime-local	本地日期和时间控件
email	单行文本框，用于输入 E-mail
month	月份控件
number	表现为单行文本框，或带步进按钮
range	滑动刻度控件
search	搜索框，一般在文本框中显示一个关闭符号
tel	单行文本框，用来输入电话号码的文本框
time	时间控件
url	单行文本框，用来输入完整 URL，包括传输协议
week	星期控件

HTML5新增的这些表单控件大部分都可以执行数据验证功能。这些控件更好地实现了输入控制和数据验证。

1. color 控件

该控件用于设置一个颜色的选择框，例如：

```
<input type="color" name=" user_color">
```

在Chrome浏览器中显示一个具有默认值为"#000000"的黑色颜色框，单击这个颜色选择框后，弹出一个颜色选择器，如图6-2所示。用户可以在颜色选择器中选择自己需要的颜色。

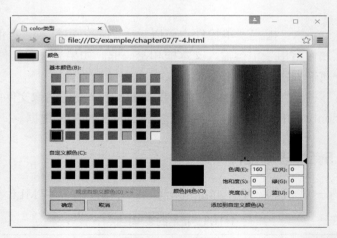

图6-2　color控件

这里的颜色是用RGB颜色值表示的颜色。

2. email 控件

该控件用于设置输入邮箱地址的文本框。例如：

```
<input type="email" name="user_email">
```

当在设置为email类型的文本框中输入不是邮箱地址的字符时，提交表单会弹出一个提示错误信息的提示框。图6-3是在Chrome浏览器中提交表单时的显示效果。

图6-3　email控件

email控件在提交表单时，会自动验证输入的值是否为一个正确的邮箱地址。在不同的浏览器中，提示信息会有所不同。

3. number 控件

该控件用于设置一个数值的文本框。可以对输入的数值设定一个范围，分别用min属性设置最小数值，用max属性设置最大数值。例如：

```
<input type="number" name="use_age" min="14" max="100">
```

在Chrome浏览器中的显示效果如图6-4所示。

图6-4　number控件

该控件在提交表单时，会自动验证输入的值是否在控件设置的限定范围内。如果不在设置的范围内，则提交表单时会弹出一个错误提示框显示错误信息。number控件在浏览器中通常还会显示一个步进按钮。number控件的限定属性如表6-3所示。

表6-3　　　　　　　　　　　　　　　number控件的限定属性

属性	说明
max	规定允许的最大值
min	规定允许的最小值
step	规定合法的数字间隔，如 step="3"，合法的数是 -3、0、3、6 等
value	规定默认初始值

4. range 控件

该控件用于设定指定范围内的数值，通常表现为一个滑动条，可以用min属性设置最小值，用max属性设置最大值。例如：

```
<input type="range" name="price" min="10" max="20">
```

在Chrome浏览器中的显示效果如图6-5所示。

拖动滑块到某位置后，提交表单，提交的数据中会显示滑块对应位置的数值。

图6-5　range控件

5. search 控件

该控件用于设定搜索框，如关键词搜索框。

```
<input type="search" name="key_words">
```

search控件显示为一个单行文本框的形式。在Chrome浏览器中显示的搜索框，当用户往里输入内容时，会在搜索框右侧显示一个删除按钮，如图6-6所示。

搜索框会自动记录一些输入过的字符，单击搜索框时，会将记录的字符展现出来，如图6-7所示。

图6-6　搜索框的删除按钮　　　　图6-7　搜索框自动记录输入过的字符

6. tel 控件

该控件用于定义输入电话号码的文本框。但是电话号码的形式多种多样，很难有一个固定的模式。因此，仅仅用tel类型来定义电话号码是无法实现的，它通常与pattern属性结合使用，利用pattern属性的正则表达式来规定电话号码的格式。例如：

```
<input type="tel" name="phone_number" pattern="^\d{11}$">
```

以上代码定义了一个必须输入11位数字的手机号码文本框，当格式不正确而提交表单时，会弹出一个错误提示框，如图6-8所示。

图6-8　tel控件的错误提示框

7. url 控件

该控件用于设置输入URL的文本框。在该文本框中输入的内容必须是一个绝对URL，否则在提交表单时会弹出错误提示框。例如：

```
<input type="url" name="user_url">
```

在Chrome浏览器中的显示效果如图6-9所示。

在这个地址文本框中输入URL时必须输入一个完整的绝对URL（包括传输协议，传输协议可以使用HTTP或FTP），否则在提交表单时会报错。

8. datepickers 日期选择器

HTML5提供了多种与日期和时间相关的控件，用
于验证输入的日期。

date：用于选取年、月、日。

month：用于选取年和月。

week：用于选取年和第几周。

time：用于选取时间，如小时和分钟。

datetime：用于选取UTC时间，包括年、月、日、小时和分钟。但在浏览器中，日期
显示控件与日期选择器格式不一样时，日期选择器呈现的是一个单行文本框，并不能选择
日期，也不会对日期格式进行验证。

datetime-local：用于选取本地时间，包括年、月、日、小时和分钟。

图6-9 url控件

```
<input type="date" name="user_date">
<input type="month" name="user_month">
<input type="week" name="user_week">
<input type="time" name="user_time">
<input type="datetime" name="user_datetime">
<input type="datetime-local" name="datetime_local">
```

日期选择器涉及的几种选取日期的控件在Chrome浏览器中的显示效果如
图6-10所示。

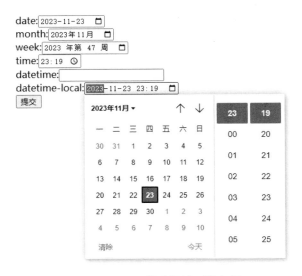

图6-10 日期选择类型输入框

其中，可以选择月和日的日期类型的文本框虽然会验证日期的格式，但是不会验证日
期的准确性，也就是不会判断大小月以及二月是否为闰月，所有的月份都具有31天。每个
能够选取日期类型的文本框右侧都具有一个删除按钮、一个附带步进按钮、一个单击可弹
出日期选择的下拉按钮。选取的日期可以通过删除按钮删除，也可以通过步进按钮或者下
拉列表选择日期。

6.2.3　HTML5新增表单属性

HTML5为表单新增了一些属性，使表单控件的功能更全面。下面介绍几种常用的新增属性。

1. autofocus 属性

该属性规定页面加载后，表单控件是否自动获取输入焦点。表单的<button>、<input>、<keygen>、<select>和<textarea>标签都可以使用autofocus属性，例如：

```
<input  type="text"  name="user_name"  autofocus>
```

通常情况下，一个表单中只有一个表单控件设置该属性。

2. width 和 height 属性

在以前的HTML版本中，表单控件都不具有width和height属性，设置它们的宽和高都是通过样式的设置来实现的。在HTML5中新增了width和height属性，但它们只适用于image类型的input元素。width和height属性定义图像按钮的宽和高，例如：

```
<input type="image" src="button.gif" width="100"height="25">
```

3. list 属性

list属性定义文本框的datalist元素的id值，datalist元素定义下拉列表的选项，如下面的代码所示。

代码6-4　list属性代码

```
<lable> 选择: </lable>
<input type="text" list="book_list" name="book">
<datalist id="book_list">
    <option label="php" value="PHP 程序设计 "></option>
    <option label="java" value="JAVA 编程 "></option>
    <option label="UI" value="UI 界面设计 "></option>
    <option label="html" value=" 网页制作基础 "></option>
</datalist>
```

在Chrome浏览器中的显示效果如图6-11所示。

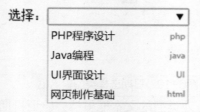

图6-11　list属性应用

list属性适用于<input>标签中的text控件、search控件、url控件、tel控件、number控件、email控件、range控件、color控件和日期选择器。

4. min、max 和 step 属性

这3个属性通常用于为包含数字或日期的表单控件设置限定条件。min属性设置限定的最小值，max属性设置限定的最大值，step属性设置表单控件允许的数字间隔。如step=5，则控件允许的合法数字是-5、0、5、10等，例如：

```
<input type="number" name="shuzi" min="0" max="10" step="3">
```

在Chrome浏览器中的显示效果如图6-12所示。

当step设置为3时，上例中的合法数字为0、3、6、9这几个数字。这3个属性适用于input元素中的number控件、range控件和日期选择器。

图6-12　min、max和step属性应用效果

5. pattern 属性

该属性用于验证文本框的正则表达式，适用于input元素的text、search、url、tel、email和password控件。

6. placeholder 属性

该属性从字面上可以理解其作用为占位。在文本框中设置属性值，当文本框为空时显示设置的属性值，当文本框中具有输入内容时设置的属性值消失。例如，在注册页面中的用户名文本框中提示用户用手机号或邮箱进行注册。

```
<input type="text" name="user_name" placeholder=" 手机号 / 邮箱 ">
```

在浏览器中的显示效果如图6-13所示。

用户名：[手机号/邮箱]

图6-13　placeholder属性应用效果

placeholder属性适用于input元素的text、search、url、tel、email和password控件。

7. required 属性

required属性规定在表单提交时，表单中文本框的内容不能为空，否则会有错误提示信息。例如，在登录页面中，用户名文本框和密码框的内容不能为空，例如：

提交表单时，如果用户名文本框和密码文本框其中之一为空，则会有错误提示信息弹出，如图6-14所示。

图6-14　required属性应用

required属性适用于以下控件：text、search、url、tel、number、email、password、radio、checkbox、file和日期选择器。值得注意的是，required属性验证文本框的内容是

否为空时，如果在文本框中输入空格符号，则required属性判断为有内容，即将空格作为一种字符处理。

代码6-5　required属性使用

```
<form>
用户名: <input type="text" name="user_name" required><br>
密码: <input type="password" name="user_pws" required><br>
<input type="submit" value=" 提交 ">
</form>
```

6.3　媒体对象

在网页中插入音频、视频可以使其更生动。HTML5增加了一些多媒体和交互元素，帮助我们更好地播放音频和视频，如video对象、audio对象、source对象等，本节进行简述。

本节要点

（1）能正确对媒体对象分类，并合理使用。

（2）学会总结应用，培养不断获取知识的能力。

6.3.1　object对象

object对象用来将各式各样的资料配置到网页中，如影像、图片、动画，甚至Word文件等。但是这些影像文件是否能正确显示，得看浏览器是否提供相关功能。例如，Flash动画，浏览器必须安装外挂的播放器程序，否则Flash动画无法显示。HTML5删除了HTML4中object元素的很多属性，HTML5中object对象的属性及说明如表6-4所示。

表6-4　　　　　　　　　　　　　　　　object对象属性及说明

属性	说明
data	必选属性，指定对象数据源的 URL
type	data 属性指定的数据的 MIME 形态，如果是 MP4、AVI 等常见视频格式，则可以省略
uresmap	将对象设定为客户端的影像地图，URL 格式为 "#mapname"，其中 mapname 对应 map 元素的 id 属性值
width	指定对象的宽度，属性值可为正整数的像素值或百分比值
height	指定对象的高度，属性值可为正整数的像素值或百分比值

其语法结构如下。

```
<object data=" 属性值 "type=" 属性值 "title=" 属性值 "width=" 属性值 "height="
属性值 "></object>
```

在页面中嵌入一个MP4格式的视频。

```
<object data="1.mp4" width="400" height="200"></object>
```

注意： 利用object元素播放多媒体文件，部分浏览器会因为缺乏对应的影片播放程序而无法正常播放多媒体文件，此时，浏览器会显示要求安装播放多媒体文件播放程序的提示。

6.3.2　embed对象

embed用来嵌入对象，如多媒体对象flash。该对象是一个空元素，也是一个单标签。其语法结构如下。

```
<embed src="属性值" type="类型" height="属性值" width="属性值" >
```

embed对象属性及说明如表6-5所示。

表6-5　　　　　　　　　　　　　embed对象属性及说明

属性	说明
src	必选属性，指定嵌入对象的来源路径
type	嵌入对象的 MIME 类型
width	指定对象的宽度，属性值可为正整数的像素值或百分比值
height	指定对象的高度，属性值可为正整数的像素值或百分比值

例如，插入Flash文件。

```
<embed src="01.swf"type="application/x-shockwave-flash"width="400"height=
"300"></embed>
```

例如，插入AVI影片。

```
<embed src="01.avi" type="video/mpeg" width="400" height="300"></embed>
```

注意： 浏览器必须已安装对应嵌入对象的插件，嵌入对象才能正常显示。如果Opera未正常安装AVI影片文件的插件，则浏览器会显示要求安装插件的提示。

6.3.3　video对象

video对象是用来播放视频的元素。在video对象的标签中可放入相关的文字说明，当旧的浏览器不支持video对象时，这些内容将显示在网页文件中。

其语法结构如下。

```
<video src="属性值" controls loop autoplay poster="属性值"height="属性
值" width="属性值" >
     您的浏览器不支持 video 对象。
</video>
```

video对象属性及说明如表6-6所示。

表6-6　　　　　　　　　　　video对象属性及说明

属性	说明
src	设置影片播放来源路径。属性值仅能为单一来源的 URL
poster	指定影片开始播放前显示的预览图片来源 URL
autoplay	设置或返回是否在就绪（加载完成）后随即播放视频。若不设置此属性，则影片文件成功加载时并不会自动开始播放
loop	设置或返回视频是否应在结束时再次播放。未设置属性时，结束后视频会停止播放，否则重复播放视频
preload	设置影片是否要预先加载。取值可为 none、auto、metadata
controls	设置或返回视频是否应该显示控件（如播放／暂停控件）
width	设置对象的宽度，属性值可为正整数的像素值或百分比值
height	设置对象的高度，属性值可为正整数的像素值或百分比值

表6-7所示是当前video对象可使用的影片格式与不同浏览器支持对照表。

表6-7　　　　　　　video可用影片格式与不同浏览器支持对照表

影片格式	IE	Firefox	Opera	Chrome	Safari
OGG	No	3.5+	10.5+	5.0+	不支持
MPEG 4	9.0+	不支持	不支持	5.0+	3.0+
WEBM	No	4.0+	10.6+	6.0+	不支持
OGG	No	3.5+	10.5+	5.0+	不支持

例如，播放OGG影片文件和MP4文件，并增加影片缩略图。

```
<video src="01.ogg"controls="controls"poster="img/01.jpg"width="400"
height="300"></video>
<video src="01.mp4"controls="controls"poster="img/01.jpg"width="400"
height="300"></video>
```

6.3.4　audio对象

audio对象是用来播放声音文件的对象。在audio对象的标签中可放入相关的文字说明，当旧的浏览器不支持audio对象时，这些内容将显示在网页文件中。

其语法结构如下。

```
<audio src="属性值" controls loop autoplay >
    您的浏览器不支持 audio 对象。
</audio>
```

audio对象属性及说明如表6-8所示。

表6-8   audio对象属性及说明

属性	说明
src	设置声音播放来源路径。属性值仅能为单一来源的 URL，不可复数指定
autoplay	设置或返回是否在就绪（加载完成）后随即播放声音文件，若不设置此属性，当声音文件成功加载时并不会自动开始播放
loop	设置声音文件是否应在结束时再次播放，未设置属性时，结束后声音文件会停止播放，否则重复播放声音文件
preload	设定声音文件是否要预先加载，取值可为 none、auto、metadata
controls	设置是否应该显示控件（如播放 / 暂停控件）

表6-9所示是当前audio对象可使用的声音文件格式与不同浏览器支持对照表。

表6-9   audio可用影片格式与不同浏览器支持对照表

影片格式	IE	Firefox	Opera	Chrome	Safari
Ogg Vorbis	No	3.5+	10.5+	3.0+	不支持
MP3	9.0+	不支持	不支持	5.0+	3.0+
Wav	No	3.5+	10.5+	不支持	3.0+

例如，播放MP3声音文件。

```
<audio src="music/m1.mp3" id="music" controls></audio>
```

6.3.5 source对象

source是video与audio对象的子对象。因各个浏览器对HTML5 audio与video对象的播放影片、声音文件格式支持不一致，所以要使网页文件能够兼容各种主流浏览器，并通过audio、video对象来播放影片和声音文件，需要准备多个类型的文件。由于audio、video对象的src属性只能有一个URL，所以必须利用source对象来定义多个影片、声音文件来源，而不是使用audio与video对象的src属性。在audio和video对象中，可以同时使用多个source对象，由于使用了source属性，所以不可再为video和audio设定src属性，否则video与audio对象的source对象等同无效。

source对象属性及说明如表6-10所示。

表6-10   source对象属性及说明

属性	说明
src	设置影片、声音播放来源路径，属性值仅能为单一来源的 URL，不可复数指定
type	指定播放来源用的 MIME 类型
media	指定播放来源是哪一种媒体或设备，取值可以是 all、aural、braille、handheld、projection、print、tty、tv

例如，支持多个格式的声音文件。

```
<audio controls >
<source src="01.mp3" >
```

```
<source src="02.ogg" >
</audio>
```

例如，支持多个格式的视频文件。

```
<video width="320" height="240" controls >
<source src="01.mp4" type="video/mp4" >
<source src="02.ogg" type="video/ogg" >
</video >
```

6.4　CSS3进阶

伪类并不是CSS3独有的内容，但在这里介绍是为了让大家更好地理解交互。flex布局与响应式布局是移动设备的衍生物，越来越多地应用到了网页中，新的布局方式为开发者提供了方便，且对兼容性也有了更好的支撑。

本节要点

（1）能够阐述什么是伪类以及伪对象。

（2）能正确运用帧动画完成页面特殊样式的设置。

（3）理解flex布局和响应式布局，并能在合适的场景熟练运用。

（4）能紧跟时代步伐，实时更新技术知识，具有探索精神。

6.4.1　伪类和伪对象

所谓"伪"，就是指不是真正的，而是表示结构标签的一种状态或代表一个虚拟的元素/对象。按照是否创造了新元素，分为伪类、伪元素选择器和伪对象。

1. 常用的 CSS 伪类

在网页中，我们单击超链接后，它会改变颜色或者变换样式。这通常是使用CSS中称为伪类的技术实现的。伪类可以对选择符应用特效，表6-11列举了5种伪类的属性值及说明。

表6-11　　　　　　　　　　　　　　　CSS伪类属性值及说明

属性值	说明
:link	默认链接时的样式
:visited	访问过后的样式
:focus	元素获得焦点时的样式
:hover	鼠标指针经过时的样式
:active	激活元素时的样式

在应用伪类时，需要参考表6-11的顺序，也可以省略一个或多个伪类。如果顺序被打乱，样式将不会被正确引用，一般会为focus和active设置相同的样式。对于超链接，通常只使用.link和.hover。

2. 伪元素选择器

所谓伪元素选择器，并不是针对真正的元素使用的选择器，而是针对CSS中已经定义好的伪元素使用的选择器，其语法结构如下。

> 选择器：伪元素 { 属性：值 }

伪元素选择器也可以与类配合使用，其语法结构如下。

> 选择器 类名：伪元素 { 属性：值 }

表6-12展示了CSS3伪元素选择器的属性值及说明。

表6-12   CSS3伪元素选择器属性值及说明

属性值	说明
:first-of-type	应用于指定类型的第一个元素
:first-child	应用于元素的第一个子元素
:last-of-type	应用于指定类型的最后一个元素
:last-child	应用于元素的最后一个子元素
:nth-of-type(n)	应用于指定父元素的第 n 个元素，n 可以是数字，n 也可以是关键字。关键字 even 表示偶数，odd 表示奇数

3. 伪对象

伪对象用于对元素中的特定内容进行操作。设计伪元素的目的是选取诸如元素内容第一个字或字母、文本第一行等特定内容。选取某些内容前面或后面的内容用普通的选择器无法完成。它控制的内容实际上和元素是相同的，但是它本身只是基于元素的抽象，并不存在于文档中，所以叫伪对象。CSS3伪对象的属性值及说明如表6-13所示。

表6-13   CSS3伪对象属性值及说明

属性值	说明
::first-letter	将样式应用于元素文本的第一个字或字母
::first-line	将样式应用于元素文本的第一行
::before	在元素内容的最前面添加新内容，与 content 结合使用，见后面案例
::after	在元素内容的最后面添加新内容，用法同 ::before

大家可以思考以下两个问题。

（1）为什么没有在a:hover中设置文字颜色和下画线，但它仍然包含:link属性值的效果？

（2）声明伪类和伪对象时，一个冒号和两个冒号分别代表什么？

6.4.2 Animation动画

Animation可以让开发者不用依赖JavaScript或JQuery，用纯CSS在网页中轻松实现各种动画效果。Animation功能非常强大，是CSS3的一大特色。

1．帧动画 keyframes

在开始介绍Animation之前有必要先了解"keyframes"，了解Flash的读者应该不会陌生。它可以定义到每一个时间刻度上的展现内容，我们一般用帧动画来做页面的loading、小人物的简单动画。例如，在2D和3D变换过程中，我们只定义了初始属性和最终属性，但如果要控制得更细，比如在第一个时间段执行什么动作，在第二个时间段执行什么动作，最后执行什么动作，就需要使用keyframes。keyframes的语法结构如下。

```
@keyframes   动画名字 {
      0% { 属性 1：属性值 1；属性 2：属性值 2；… }
      20% { 属性 1：属性值 1；属性 2：属性值 2；… }
      …
      100% { 属性 1：属性值 1；属性 2：属性值 2；… }
}
```

或者：

```
@keyframes   动画名字 {
      from { 属性 1：属性值 1；属性 2：属性值 2；… }
       n% { 属性 1：属性值 1；属性 2：属性值 2；… }
       …
       to { 属性 1：属性值 1；属性 2：属性值 2；… }
}
```

注意，必须以"@keyframes"开头，紧接着加上动画名称，动画名称肯定是英文的，最好是语义化的；0%表示初始值，20%表示运动时间前20%的效果，100%表示终止属性。可以理解为"@keyframes"中的样式规则是由多个百分比构成的，在0%和100%之间可以创建多个百分比，每一个百分比给需要动画效果的元素加上不同的属性，从而让元素产生不断变化的效果，如移动，改变元素颜色、位置、大小、形状等。

当用"from"和"to"来设置动画从哪开始，到哪结束时，form用于设置初始值，to用于设置终止值。

2．动画名称 animation-name

animation-name可以用来定义动画的名称。其语法结构如下。

```
选择符 {
animation-name：动画名 ;
}
```

注意：这里的动画名一定要与Keyframes创建的动画名一致，如果不一致，则动画将不能产生；none为默认值，当animation-name的值为none时，也将没有任何动画效果。

3．动画时长 animation-duration

该属性用于指定元素的动画持续时间，与transition-duration的使用方法一样，其取值范围不详述，其语法结构如下。

```
选择符 {
animation-duration：持续时间 ;
}
```

持续时间的单位可以是秒（s），也可以是毫秒（ms）。

4. 动画变换速率 animation-timing-function

该属性用于指定元素动画运动时的变换速率，其使用方法也与transtion-timing-function相似。其语法结构如下。

```
选择符 {
animation-timing-function:ease | ease-in | ease-out | linear | ease-in-out;
}
```

5. 动画开始时间 animation-delay

该属性用来指定元素动画开始时间。与transition-delay的使用方法一样，其默认值也是0，语法结构如下。

```
选择符 {
animation-delay:1s;
}
```

以上代码表示1s之后执行动画。

6. 循环播放次数 animation-iteration-count

该属性用来指定元素循环播放动画的次数，其语法结构如下。

```
选择符 {
animation-iteration-count:number;
}
```

number的取值可以是数字1、2……，默认值为1，如果需要无限循环，则其取值为"infinite"。

7. 动画播放方向 animation-direction

该属性用来指定元素动画播放的方向，有两个取值，分别为normal、alternate。normal指的是动画每次循环都向前播放，alternate指的是动画播放在第偶数次向前播放，第奇数次向反方向播放。该属性不常用。

8. 简写属性 animation

与前面所讲的transition一样，在animation属性中可同时加入以上属性的值，属性值之间用空格分隔。其语法结构如下。

```
选择符 {
animation:animation-name,animation-duration/animation-timing-
function/…;
}
```

例如：

```
选择符 {
    animation:pic  2s ease-in 1s infinite alternate;
}
```

以上代码表示执行一个名为"pic"的动画，持续时间为2s，动画方式为 ease-in，延迟1s执行，并且执行次数为无限次，动画播放方向为来回播放。

6.4.3　flex布局

前面我们了解了标准流、float布局、定位布局等传统布局。CSS3新增的最有意思的属性之一便是flex布局属性，其特点用6个字概括便是"简单、方便、快速"。flex是flexible box的简写，意为"弹性布局"，用来为盒状模型提供很强的灵活性，是2009年W3C提出的一种可以简洁、快速进行弹性布局的属性。其主要思想是给予容器控制内部元素高度和宽度的能力。目前，它基本上得到了所有浏览器的支持，在WebKit内核浏览器中使用它时，可以加上前缀-webkit-。

任何一个容器都可以指定为flex布局，例如：

```
display:flex;
```

行内元素也可以使用flex布局，例如：

```
display:inline-flex;
```

注意：设为flex布局以后，子元素的float、clear和vertical-align属性将失效。

1. flex 相关概念

采用flex布局的元素称为flex容器（Flex Container），简称"容器"。它的所有子元素自动成为容器成员，称为flex项目（Flex Item），简称"项目""子项"，如图6-15所示。

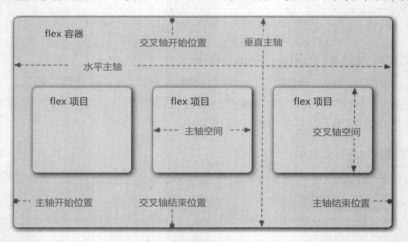

图6-15　flex相关概念

容器默认存在两个轴：水平的主轴（Main Axis）和垂直的交叉轴（Cross Axis）。主轴的开始位置（与边框的交叉点）称为Main Start，结束位置称为Main End；交叉轴的开始位置称为Cross Start，结束位置称为Cross End。

项目默认沿主轴排列。单个项目占据的主轴空间称为main size，占据的交叉轴空间称为cross size。

2. flex 容器属性

flex容器也就是我们理解的父标签，与它相关的属性有6个，如表6-14所示。

表6-14   flex容器属性

属性	说明	属性值
flex-direction	决定子元素 item 的排列方向	row、row-reverse、column、column-reverse
flex-wrap	一行排列不下时，决定 item 如何换行	nowrap、wrap、wrap-reverse
flex-flow	上面两个属性的缩写属性	row（默认值）、nowrap
Justify-content	用于设置 item 在主轴上的对齐方式	flex-start、flex-end、center、space-between、space-around
align-items	用于设置 item 在另一轴上的对齐方式	flex-start、flex-end、center、baseline、stretch
align-content	用于设置多根轴线的对齐方式	flex-start、flex-end、center、space-between、space-around、stretch

3. item 项目属性

item的属性在子元素item中设置。item有6种属性，如表6-15所示。

表6-15   item项目属性

属性	说明	属性值
order	定义 item 排列顺序	整数，默认值为 0，越小越靠前
flex-grow	当有多余空间时，用于设置 item 的放大比例	默认值为 0，即有多余空间时也不放大
flex-shrink	当空间不足时，用于设置 item 的缩小比例	默认值为 1，即空间不足时缩小
flex-basis	用于设置项目在主轴上占据的空间	长度值，默认值为 auto
flex	grow、shrink、basis 的缩写	默认值为 0、1、auto
align-self	用于设置单个 item 独特的对齐方式	同 align-items，可覆盖 align-items 属性

6.4.4 响应式布局

响应式布局

　　响应式布局的概念于2010年5月提出，目的是实现网页页面适应屏幕、打印机、手机等多种不同大小的终端。响应式布局可以通过CSS3的媒体查询（Media Queries）模块实现，通过添加媒体查询表达式、指定媒体类型，并根据媒体类型或浏览器窗口的大小来选择不同的样式。目前的浏览器和各种移动终端都能很好地支持响应式布局。

　　例如，一个网页的页面布局为3栏，如果用不同的终端来浏览这个页面，则页面会根据不同终端（浏览器窗口的大小）来显示不同的样式，如在台式计算机上以3列方式显示，在iPad上可能是两列显示，在大屏手机上将3列转化为纵向显示，在屏幕很小的手机上只显示主要内容，隐藏某些次要元素，这就是响应式布局要实现的效果——一套CSS样式可以在不同设备、不同终端用最合适的方式显示。

1. 视口

视口（Viewport）是手机Web制作非常重要的概念，发明人是乔布斯，乔布斯预见一件事，就是手机的屏幕显示效果会越来越清晰，PPI（每平方英寸的像素数，像素密度）会越来越大。此时如果手机按照自己的分辨率渲染网页，则页面上的文字将不可读，20px的文字看不清。所以，手机不能认为自己的宽度是自己的分辨率。乔布斯说，每个手机可以由工程师自由设置"显示分辨率"，起名为"视口"。也就是说，手机在视口中呈递页面，而不是分辨率的物理窗口。视口中的1px等于真实物理的多个px。乔布斯说，默认视口为980px，因为980px是目前绝大多数网页的版心。此时刚好能够卡住它们，像在3000 m的高空俯视整个页面。但是，乔布斯还说，前端工程师必须能够自己设置视口。

处理方法为使用一个<meta>标签：使手机认为自己的视口是device-width（当前设备）的视口宽度，示例代码如下。

```
<meta name="viewport" content="width=device-width, user-scalable=no,
initial-scale=1.0, maximum-scale=1.0, minimum-scale=1.0" />
```

width用于设置视口的宽度，为一个正整数，或字符串"device-width"。
initial-scale用于设置页面的初始缩放值，为一个数字，可以是小数。
minimum-scale用于设置最小缩放值，为一个数字，可以是小数。
maximum-scale用于设置最大缩放值，为一个数字，可以是小数。
Height用于设置视口的高度，这个属性对我们并不重要，很少使用。
user-scalable用于设置是否允许用户进行缩放，值为no或yes。no代表不允许，yes代表允许。

要想使网页在手机上正常显示，而无须手动放大或缩小，以上代码必须加在页面的<head>标签中。

2. 媒体查询

媒体查询功能的核心是通过CSS3来查询媒体类型或者尺寸范围，然后调用对应的样式作为响应。使用@media查询，你可以针对不同的媒体类型定义不同的样式，也可以针对不同的屏幕尺寸设置不同的样式，特别是需要设置设计响应式的页面时。在你重置浏览器大小的过程中，页面也会根据浏览器的宽度和高度重新渲染页面。可以在不改变页面内容的情况下，为一些特定的输出设备定制显示效果是响应式布局实现的主要方式。

3. 媒体类型

媒体也称媒介，在CSS中指代各种设备。W3C定义了10种媒体类型，其中一些已被废弃，表6-16列出了常见的4种媒体类型。

表6-16　　　　　　　　　　常见的4种媒体类型

媒体类型	描述	媒体类型	描述
all	所有媒体设备	print	打印机或打印预览视图
screen	显示器、平板电脑、手机设备	speech	屏幕阅读器等设备

真正广泛使用且所有浏览器都兼容的媒介类型是screen和all。

例如：

```
<style media="screen">
.box{
height: 100px;
width: 100px;
background-color: lightblue;
}
</style>
<div class="box"></div>
```

4. 媒体属性

媒体属性是CSS3新增的内容，多数媒体属性带有"min-"和"max-"前缀，用于表示"小于等于"和"大于等于"。这避免了使用与HTML和XML冲突的"<"和">"字符。注意：媒体属性必须用()标识，否则无效。CSS3媒体属性如表6-17所示。

表6-17 CSS3媒体属性

属性	描述
width、height	定义浏览器的宽度和高度
device-width、device-height	定义输出设备屏幕表示宽度和高度
orientation	定义浏览器方向，portrait 表示纵向，landscape 表示横向
resolution	定义设备分辨率，如 300dpi
aspect-ratio	定义浏览器窗口宽度与高度比例
device-aspect-ratio	定义输出设备屏幕可见宽度与高度比例
color	定义输出设备使用多少位的颜色值，如果不是彩色设备，则值 =0
color-index	定义输出设备的色彩查询表中的色彩数
scan	定义扫描方式，progressive 表示逐行扫描，interlaced 表示隔行扫描
grid	查询输出设备是否使用栅格或点阵，如果使用栅格，则其值为 1，否则为 0

5. 媒体查询方法

在实际应用中，常用媒体类型主要有scren、all和print 3种，媒体类型的引用方法主要有使用<link>标签引用样式、使用@import导入样式、使用CSS3的@ media说明样式。

（1）使用<link>标签引用样式

此方法其实就是在<link>标签引用样式时，通过<link>中的media属性来指定不同的媒体查询。例如：

```
<link rel="stylesheet type="text/ces"href="mystyle.css"media="screen">
<link rel="stylesheet type="text/ces"href="mystyle.css"media="screen
and (min-width:980px)">
```

（2）使用@import导入样式

与导入CSS样式一样，只是需要加查询语句，例如：

```
<style type="type="text/css">
```

```
        @import url(mystyle.css) screen and(min-width:980px);
</style>
```

（3）使用@media说明样式

@media是CSS3新增的媒体查询特性，在页面中可以通过这个属性引入媒体类型。使用@media引入媒体类型和@import有些类似，其语法结构如下。

```
@media 媒体类型 and（媒体特性）{样式定义}
```

例如：

```
@media screen and(max-width:980px){
    background:red;
}
```

以上代码意为当屏幕亮度不超过980px时，背景颜色为红色。

又例如：

```
@media screen and(min-width:981px) and (min-width:1200px){
    background:blue;
}
```

以上代码意为屏幕宽度介于981px～1200px时，背景颜色变为蓝色。

6.5　案例实现：flex布局

试完成图6-16所示的flex布局，中间板块的宽度为左右板块的2倍。

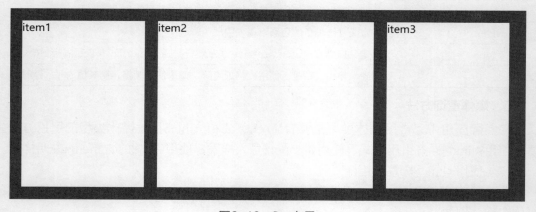

图6-16　flex布局

1. 请思考

（1）图6-16所示的布局如果用普通的浮动布局你应该能实现，如果要用flex布局应该怎样实现呢？

（2）需要使用flex中的什么属性？

2. 案例分析

在以前的认知中，将3个<div>进行浮动布局即可实现图6-16所示的效果，若要实现弹性模型，则可通过用百分比进行设置。而现在flex带给我们方便快捷，不用再浮动及清除浮动，首先将父盒子设为弹性布局，然后平均分配每个模块，最后单独将第二个模块设置为2倍大小，即3个模块的比例为1∶2∶1。

HTML5代码如下：

代码6-6　flex布局中的HTML5代码

```html
<div class="contain">
        <div class="item">item1</div>
        <div class="item current">item2</div>
        <div class="item">item3</div>
</div>
```

CSS3代码如下。

代码6-7　flex布局中的CSS3代码

```css
.contain{
    width:100%;              /* 宽度弹性变化 */
    height: 300px;
    margin: 0 auto;
    display: flex;           /* 父盒子弹性布局 */
    background: #5a5a5a;
    padding: 20px;
    box-sizing: border-box;
}
.item{
    height: 260px;
    flex-grow: 1;            /* 使每个item的宽度相同 */
    background: #fff;
    margin-right: 20px;
}
.current{
    flex-grow:2              /* 使第二个item的宽度为其他item宽度的2倍 */
}
```

6.6　本章小结

HTML5和CSS3还有很多拓展属性，本章没有介绍。表单部分通常会结合后面的JavaScript和其他语言中的表单验证等内容进行讲解。在目前移动交互使用频率越来越高的背景下，响应式的设计也愈来愈重要，可以说无网页不响应。本章只涉及了媒体查询、响应式布局、flex布局等的简单运用，感兴趣的读者可以了解移动媒体的界面布局及样式设计。

6.7 本章习题

1. 选择题

（1）过渡动画的属性是（　　）。

    A. transition   B. transform   C. animation   D. keyframes

（2）伪类:hover的意思是（　　）。

    A. 当鼠标指针单击标签时   B. 当鼠标指针离开标签时

    C. 当鼠标指针移动到标签之上的时候 D. 当鼠标滚轮滚动的时候

（3）一般情况下，我们会设置二级菜单<ul>的定位属性为（　　）。

    A. 相对定位   B. 绝对定位   C. 固定定位   D. 任意定位

2. 简答题

（1）HTML表单新增的input输入类型有哪些？

（2）请简述表格、div、flex布局、响应式布局方式的特点。

（3）在表单中，input设置为readonly和disabled的区别是什么？

（4）HTML表单的作用和常用表单类型有哪些？

（5）表单提交的方法分为哪几种？有什么区别？请简要概述。

3. 操作题

完成图6-17所示的用户注册页面（仅制作结构和样式，暂不实现功能验证）。

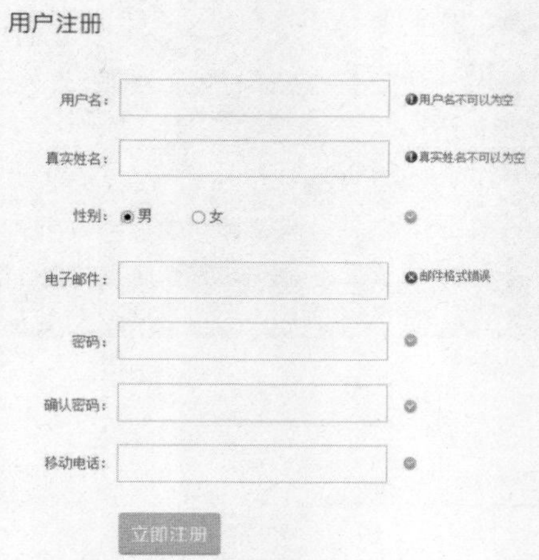

图6-17

第 7 章

JavaScript 基础

在网页中，HTML是Web内容的载体，Web内容包括文字、图像、视频和音频等；CSS负责Web视觉表现，如Web内容的文字色彩、字体、动画效果等；JavaScript则可以提高用户交互的友好性，实现数据的交互和Web动态功能。因此，JavaScript在Web交互中扮演着重要的角色，是Web动态特效制作的最佳选择之一，也是学习Web开发技术必须掌握的一种脚本语言。

7.1　JavaScript简介

JavaScript作为一种网络的高级脚本语言，已经被广泛用于Web应用开发，常用来为网页添加各式各样的动态功能，为用户提供更流畅美观的浏览效果。它是怎样发展起来的？有什么样的特点呢？

JavaScript
概述

本节要点

（1）能描述JavaScript的基本概念和特点。

（2）了解JavaScript的发展历史和ECMAScript规范的发展历史，初步树立ECMAScript编码规范意识。

7.1.1　JavaScript的基本概念

JavaScript是浏览器内置的一种基于客户端和对象的解释型脚本语言，主要用于给网站添加交互性动态功能。它主要有以下几个特点。

1. 浏览器内置

现代浏览器，如Chrome、Firefox、Edge等，均内置了JavaScript引擎，可以直接执行JavaScript代码，不需要额外安装运行环境。

2. 解释型语言

与C语言、Java之类的编译型语言不一样，JavaScript代码不需要编译为.exe文件，在浏览器内可以直接执行。

3. 基于客户端

一般，我们把一个系统中用户使用的那部分软件称为客户端。在这里，客户端特指浏览器。JavaScript代码不需要经过服务器处理，直接在客户端（浏览器）执行。

4. 基于对象

JavaScript有很多内置的对象，可供开发者使用，如时间对象（Date）、事件对象（Event）、数组对象（Array）等。也可以自定义对象拓展代码功能。

5. 跨平台性

JavaScript本身是依赖浏览器运行的，与操作系统无关。因此，只要操作系统能够运行浏览器，并且浏览器支持JavaScript引擎，就可以执行相关JavaScript代码。JavaScript代码可以运行于平板、手机、PC，甚至智慧电视等平台。

7.1.2　JavaScript的发展历程

JavaScript是由网景（Netscape）公司创造，最初只是为了扩展该公司开发的浏览器Netscape Navigator的功能，而推出的一种名为LiveScript的脚本语言。后来Netscape公司与Sun公司合作，借鉴了Java语言的部分特征，对其进行了改进优化，在1995年底将其改名为JavaScript。那个时候，Web上都是完全静态的网页，这些网页只是使用HTML和CSS构建的，而JavaScript的出现给它们带来了动态交互效果。因此，JavaScript立刻名声大噪，并使得Netscape Navigator迅速主宰了浏览器市场。

随后，为了对抗Netscape Navigator和JavaScript，微软公司在IE 3中搭载了名为JScript的浏览器脚本语言。同时，微软将IE浏览器加入Windows操作系统中。得益于Windows系统的推广，JScript也得到了很快的发展。

此时，市面上就有了两种浏览器脚本语言：

（1）Netscape Navigator中的JavaScript；

（2）IE中的JScript。

由于当时没有脚本语言的规范语法和特性，两种脚本语言并存的局面让开发者痛苦不堪，不得不编写大量的兼容性代码。随着互联网技术的迅猛发展，脚本语言标准化问题被提上了议程。

1997年，JavaScript1.1作为一个草案被提交到ECMA，该协会对其进行了标准化，并最终形成名为 ECMAScript 的脚本语言标准。现在我们使用的JavaScript语言实际上就是ECMAScript（简称ES）标准最佳的实践之一，而ECMAScript则是基于JavaScript制定的脚本规范（其他遵循该规范的语言还有ActionScript和JScript）。但是一般情况下，大众普遍认为ECMAScript就是特指JavaScript。

2009年，ECMA推出了ECMAScript 5.0（简称ES5）。

2015年，ECMAScript 2015正式推出。自此，ECMA每年更新一次ECMAScript版本，并把ECMAScript 2015及其以后的版本统称为ES6。

事实上，如今的JavaScript已经成为浏览器的唯一脚本语言，且正朝着提高用户体验，增强Web友好性的方向发展，受到开发人员越来越多的关注。基于JavaScript的各种功能框架层出不穷，Web界面功能越来越强大，Web界面交互的体验越来越精彩。

7.2　JavaScript的使用方法

要进行JavaScript编程学习，先要掌握在页面中如何使用JavaScript代码。

本节要点

（1）能使用<script>标签在页面中嵌入JavaScript代码。

（2）能描述<script>标签的作用。

（3）了解JavaScript代码的调试方法，能初步使用浏览器开发者工具，并能读懂常见的JavaScript报错信息。

7.2.1　在页面中嵌入JavaScript代码

在页面中嵌入JavaScript代码，也就是把JavaScript代码直接嵌入HTML页面中。JavaScript程序不能独立存在，必须依赖于HTML页面运行在浏览器中。

HTML是超文本标记语言，任何内容的添加都要使用对应的标签。要在页面中使用JavaScript代码，就要使用<script>标签。JavaScript代码则写在<script>的头尾标签之间。如代码7-1所示，在名为index.html的页面中嵌入一段JavaScript代码，该段代码的作用是在浏览器控制台显示考试是否及格的信息。

代码7-1　在页面嵌入JavaScript代码

```
<!DOCTYPE html>
<html lang="en">
<head>
    <meta charset="UTF-8">
    <title>Title</title>
</head>
<body>
<script>
    /*
        判断考试是否及格
      score: 考试得分
    */
    let  score = 82 ;
    if( score >= 60 ){   // 如果得分大于 60
        console.info(" 恭喜您，及格了! ");           // 控制台输出及格信息
    }else{                 // 否则
        console.info(" 很遗憾，您需要补考。")       // 控制台输出不及格信息
    }
</script>
</body>
</html>
```

用浏览器（如Chrome浏览器）运行index.html文件，按"F12"键，打开浏览器开发者工具，选择"Console"（控制台）选项，可以看到图7-1所示的运行结果。

图7-1　代码7-1的运行结果

大家在网上看一些JavaScript资料时，可能会看到别人这样写<script>标签，如代码7-2所示。

代码7-2　不推荐的<script>标签的使用方式

```
<script type="text/javascript">
    // JavaScript 代码
</script>
```

或者

```
<script language="javascript">
    // JavaScript 代码
</script>
```

在<script>标签中使用type或者language属性的作用是强调页面脚本语言的类型。通过前面的学习我们知道，初始时，浏览器脚本语言有很多，JavaScript只是其中一种。这样写<script>标签没问题，浏览器也兼容这种写法。

不过按照HTML5的标准，JavaScript已经成为事实上的客户端唯一脚本语言，因此没有必要再强调脚本语言的类型。所以，在HTML5中，使用<script>标签时不用写 type 或者 language 属性。

7.2.2　引入外部JavaScript文件

引入外部JavaScript文件，即把JavaScript代码写在外部的JavaScript文件（其扩展名为.js）中，让HTML代码和JavaScript代码分离。

在HTML代码中利用<script>标签的src属性引入外部JavaScript文件。

如图7-2所示，创建名为myjs.js的文件，将该文件放在HTML文件同目录的名为 js 的文件夹中。

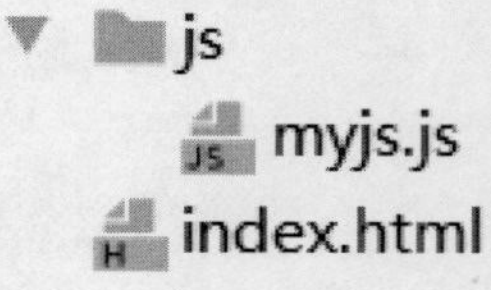

myjs.js文件代码如下。

图7-2　myjs.js文件目录

代码7-3　myjs.js文件代码

```
/*
    判断考试是否及格
    score: 考试得分
*/
let  score = 82 ;
if( score >= 60 ){   // 如果得分大于 60
    console.info(" 恭喜您，及格了! ");          // 控制台输出及格信息
}else{              // 否则
```

```
        console.info(" 很遗憾，您需要补考。")        // 控制台输出不及格信息
}
```

在 HTML 代码中引入外部 myjs.js 文件，代码如下。

代码7-4　HTML引入外部myjs.js文件

```
<!DOCTYPE html>
<html lang="en">
<head>
    <meta charset="UTF-8">
    <title>Title</title>
</head>
<body>
<script src="js/myjs.js"></script>
</body>
</html>
```

如果在引入外部JavaScript文件的\<script\>标签之间添加其他JavaScript代码，则添加的这部分代码会被忽略，代码如下。

代码7-5　引入外部JavaScript文件同时添加其他JavaScript代码

```
<script src="js/myjs.js">
    document.write("I am inside");        // 这部分代码会被忽略，不会执行
</script>
```

在项目中使用外部JavaScript文件，可以让多个页面引用同一个JavaScript文件，这不仅有利于维护代码，还可以减少用户的下载文件数量，从而提高页面加载效率。多个HTML文件引入同一个外部JavaScript文件示例如图7-3所示。

图7-3　多个HTML文件引入同一个外部JavaScript文件示例

也可以在同一个页面中引入多个外部JavaScript文件，浏览器会按照JavaScript文件引入的顺序依次执行，如图7-4所示。

```
<script type="text/javascript" src="scripts/jquery-1.12.4.min.js"></script>
<script type="text/javascript" src="scripts/jquery.lazyload.min.js"></script>
<script type="text/javascript" src="scripts/myjs.js"></script>
```

图7-4　引入多个外部JavaScript文件示例

7.2.3　JavaScript代码位置

从理论上讲，JavaScript代码可以放在页面的任意位置。不过，一般推荐把JavaScript代码放在以下两个地方。

1. <head> 标签之间

把JavaScript代码放在<head>标签之间，可以做一些初始化工作，如定义全局变量、函数，创建对象等，代码如下。

代码7-6　<head>标签之间放入JavaScript代码

```
<html>
<head>
    <meta charset="utf-8" />
    <title> 代码演示 </title>
    <script  src="js/myjs.js"></script>
</head>
<body>
    这里是页面 HTML 代码
</body>
</html>
```

2. <body> 标签的末尾处

把JavaScript代码放在<body>标签的末尾处，可以保证先加载HTML内容，后执行JavaScript代码。JavaScript代码执行时，所需的HTML代码已经加载完毕，不会因为找不到对应的HTML标签而报错，代码如下。

代码7-7　<body>标签末尾处放入JavaScript代码

```
<html>
<head>
    <meta charset="utf-8" />
    <title> 代码演示 </title>
</head>
<body>
    这里是页面 HTML 代码
<script  src="js/myjs.js"></script>
</body>
</html>
```

7.2.4　JavaScript调试方法

在开发者编写JavaScript代码的过程中，出现错误是难以避免的。出错不可怕，要找出并排除错误才是重要的。现代浏览器，如Chrome、Firefox、Edge等，均内置了开发者工具，可以用来调试JavaScript代码。

用浏览器打开页面，按"F12"键，可以打开开发者工具。在控制台可以看到JavaScript代码的调试或者报错信息。

Chrome浏览器的开发者工具如图7-5所示。

浏览器中的报错信息大多都是英文的，初学者若遇到看不懂的错误信息，可以直接将错误信息复制粘贴到搜索引擎中查询。根据网络的查询结果，查找原因，排除错误。

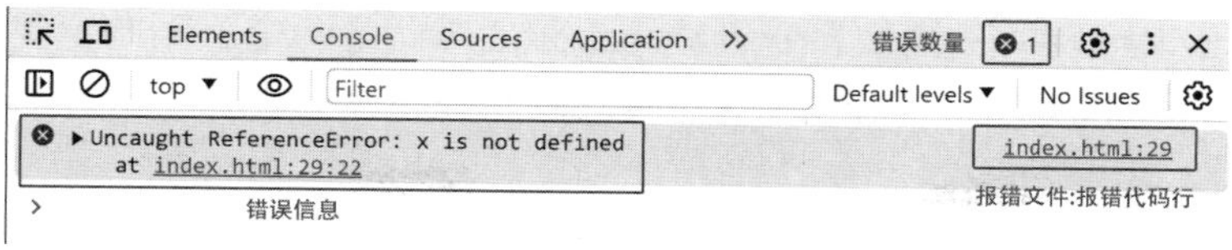

图7-5　Chrome浏览器的开发者工具

初学者在JavaScript开发过程中可能遇到的部分错误类型如下。

1. XXX is not defined

含义：XXX 没有定义。

产生原因可能是：变量、常量、函数没有定义。

2. XXX is not a function

含义：XXX 不是一个函数。

产生原因可能是：把某个属性当成函数使用，或者调用了对象不存在的函数。

3. Invalid or unexpected token

含义：错误符号。

产生原因可能是：使用了中文标点，或者引号不匹配。

4. Unexpected end of input

含义：意外的输入结束。

产生原因可能是：没有封闭大括号（｛｝）。

7.3　JavaScript语法基础

任何一门语言都有自己的语法规则，JavaScript也不例外。学习JavaScript先要掌握它的基本语法规则。

本节要点

（1）能描述JavaScript基本语法规则。

（2）能正确定义JavaScript变量和常量，并能描述它们的特点。

（3）能列举JavaScript基本数据类型和运算符，并能举例说明其用法。

（4）理解JavaScript编码规范，并能初步养成良好的JavaScript代码书写习惯。

7.3.1　基本语法规则

JavaScript的基本语法规则很容易掌握，归纳起来主要有以下几点。

基本语法规则
与数据类型

1. 区分大小写

JavaScript的常量、变量、函数、运算符、表达式，以及对象和方法都是严格区分大小写的，例如，变量Mybag和mybag是两个不同的变量。为了避免误用，ECMAScript标准并不提倡在同一个程序中使用仅仅是大小写不同的变量。

2．弱类型变量

JavaScript变量没有特定的类型，ES6中的变量统一使用"let"关键字声明。声明时可以把变量初始化为任意的数据类型，JavaScript会自动根据值来判断它是什么数据类型。代码如下。

代码7-8　弱类型变量示例

```
let  age = 100 ;        // 数值型数据
     age = "100";       // 可以更改变量的数据类型且不会报错
```

3．每行结尾的分号可有可无

分号（;）是绝大多数程序语言（如C、Java、C#等）的语句结尾符号。但是，JavaScript不强制要求语句用分号结尾，分号可有可无。JavaScript语句后如果没有分号，则JavaScript会默认把对应行代码的结尾当作语句的结尾。不过，为了养成良好的编码习惯，我们强烈建议在语句结尾加上分号。因为，开发人员常常会压缩JavaScript代码，如果某些语句结尾没有分号，则可能会引起报错。代码如下。

代码7-9　JavaScript语句省略分号示例

```
console.info("很遗憾，您需要补考。")     // 控制台输出不及格信息
// 虽然以上语句省略了分号（;），JavaScript 代码可以正常运行，但是不推荐这么做
```

4．合理使用注释

注释主要用于解释代码块的作用，便于开发人员理解程序。在代码的执行过程中，JavaScript引擎会自动忽略注释。良好的注释可以提高代码的可读性，利于代码的维护和扩展。

JavaScript中的注释主要有以下两种。

（1）单行注释

以双斜线（//）开头直到行末的字符被视为单行注释，注释内容只能写在同一行。代码如下。

代码7-10　单行注释示例

```
console.info("很遗憾，您需要补考。");    // 控制台输出不及格信息
console.info("很遗憾，您需要补考。");    // 把注释分成两行
                                          会报错
```

（2）多行注释

用/*...*/把多行内容包裹起来，视为一个注释。代码如下。

代码7-11　多行注释示例

```
/*
    判断考试是否及格
    score: 考试得分
*/
```

5. 适当缩进

缩进可以使程序结构更清晰，利于阅读，主要用于 ﹛﹜ 中的代码。适当的缩进不是语法的强制要求，但是属于编码规范之一。代码如下。

代码7-12　适当缩进示例

```
// 推荐写法
let  score = 82 ;
if( score >= 60 ){
    console.info("恭喜你，及格了! ");
}else{
    console.info("很遗憾，您需要补考。");
}

// 不推荐写法
let  score = 82 ;
if( score >= 60 ){
console.info("恭喜你，及格了! ");
}else{
console.info("很遗憾，您需要补考。");
}
```

更多详细的语法规范和要求，读者可以参考 "Google编码规范"。"Google编码规范" 是Google公司推出的一系列编码规范的统称，是Google公司在相关行业标准的基础上，对编码工作做的进一步细化规范，深受业界推崇，其中就包含htmlcssguide.html和jsguide.html文件，即HTML与CSS编码规范和JavaScript编码规范。遵守相关编码规范，不仅可以让代码更加规范，提高代码的可读性，还可以让自己尽快与前端开发相关岗位接轨。"Google编码规范" 文件截图如图7-6所示。

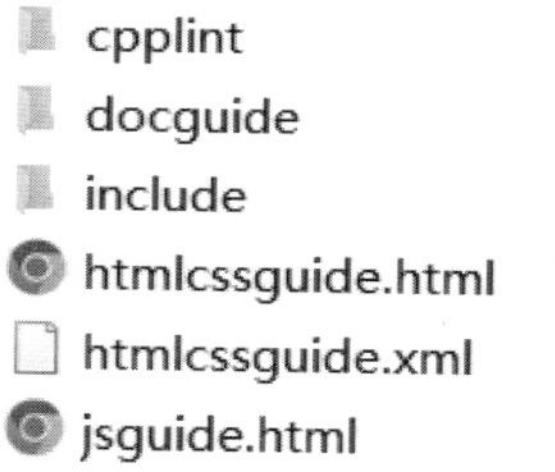

- cpplint
- docguide
- include
- htmlcssguide.html
- htmlcssguide.xml
- jsguide.html

图7-6　"Google编码规范" 文件截图

7.3.2　变量和常量

在生活中有些数据是经常变化的，比如每天的温度，早上温度较低，中午温度较高，到了晚上温度会变低。有些数据则是固定不变的，比如圆周率π，无论在何时何地，其值都不会更改。

变量与常量

在程序设计中，我们把会变化的量称为变量，把固定不变量的称为常量。

1. 定义变量

要使用变量，需要先创造变量，这也称为定义变量，或者声明变量。

在 ES6 中，定义变量推荐使用关键字let，代码如下。

代码7-13　定义变量示例

```
let  x ;                 // 定义一个变量 x
x = 100 ;                // 将变量 x 赋为 100
x = 50 ;                 // 更改变量 x 的值为 50
console.info( x );       // 输出变量 x 的值50
```

```
let   y = 200;           // 定义一个变量 y ，同时赋为 200
console.info( y );       // 输出变量 y 的值200

let   a, b = 100 ;       // 同时定义a、b 两个变量，其中 b 被赋为100
console.info( a, b );    // 输出 "undefined, 100"
```

若定义了变量，但是没有给它赋值，它的值就是undefined。

也可以同时给多个变量赋值，这种做法称为解构赋值，代码如下。

代码7-14　解构赋值示例

```
let [a, b, c] = [1, 2, 3, 4];
console.info(a) ;        //1
console.info(b) ;        //2
console.info(c) ;        //3
// 数据 4 没有变量存储，所以该数据被内存回收

let [a, , b, c] = [1, 2, 3, 4];
console.info(a) ;        //1
console.info(b) ;        //3
console.info(c) ;        //4，跳过了第二个值的赋值
```

JavaScript允许在声明变量时不写关键字let。没用let定义的变量就是全局变量。一般认为不写let是一种不安全的做法，容易造成变量数据被意外篡改，代码如下。

代码7-15　不写let定义变量示例

```
a = 100 ;                // 不写 let ，直接使用变量a 存储数据 100
console.info(a);//       // 成功输出 100，不会报错，但是不建议这么做
```

let是ES6中新加入的声明变量的关键字。在ES5及以前版本中，JavaScript声明变量用关键字var。和var相比，let有以下诸多优势。

（1）在声明变量之前就访问变量的话，let 会直接提示错误 ReferenceError，而不像 var 那样使用默认值 undefined。代码如下。

代码7-16　let与var的区别1

```
console.info(x);   // 输出 "undefined"
var  x = 100 ;
// 以上代码相当于如下代码，把变量 x 定义提升到其他代码之前
// 这个现象称为"变量提升"
var x ;
console.info(x);
x = 100 ;


// 使用 let 时必须先定义变量，后使用变量
console.info(x);   // 报错，ReferenceError
let  x = 100 ;
```

（2）ES6新增了{}块作用域。在{}中用let定义的变量只在{}里有效，代码如下。

代码7-17　let与var的区别2

```
{
    var  x = 100;
    let  y = 200;
}
console.info(x);  // 100
console.info(y);  // 报错
```

（3）let不允许在相同作用域内重复声明同一个变量，代码如下。

代码7-18　let与var的区别3

```
// 以下代码会报错，因为变量重复声明
{
  let a = 10;
  let a = 1;
}
```

总之，使用let定义变量会让程序变得更加严谨，代码更加规范，数据相对安全。

2. 定义常量

在ES5及以前版本中，JavaScript没有专门的关键字用于定义常量。ES6 则新增了const来定义常量。

一旦用const定义了常量，常量的值就不可更改，代码如下。

代码7-19　定义常量示例

```
const PI = 3.1415;       // 定义常量 PI
console.info( PI );      // 可以获取 PI 的值 3.1415
PI = 3;                  // 试图更改常量的值，报错
// TypeError: Assignment to constant variable.

//常量只能在定义之后使用
console.log(MAX);        // 报错，ReferenceError
const MAX = 5;
```

3. 常量和变量命名规则

常量和变量命名规则如下。

（1）变量、常量的名称（也包含函数、对象等的名称）以字母、下画线（_）、$或数字组成，不能以数字开头。

（2）严格区分大小写。

（3）不能使用关键字和保留字。比如，if不能作为变量、常量的名称，因为它已经被JavaScript系统作为条件语句的关键字使用。

除了以上基本规则外，还需要做到命名可以"见其名，知其意"，代码如下。

代码7-20　变量命名示例

```
let  a = 20 ;
let  age = 20 ;   // 很明显，age 变量名称比 a 更具有意义，更容易理解
```

JavaScript中常用的命名方法如下。

（1）骆驼命名法

如果常量或变量名称由多个单词组成，则名称首字母小写，但是从第二个单词开始，每个单词的首字母大写，其他字母小写。大小写字母交错，就像骆驼的驼峰一样，故而这种命名方法被称为骆驼命名法，也叫驼峰命名法。代码如下。

代码7-21　骆驼命名法示例

```
let  myAge = 20 ;
let  myClass = 2 ;
```

（2）下画线命名法

用下画线（_）分隔多个单词，代码如下。

代码7-22　下画线命名法示例

```
let  my_age = 20 ;
let  my_class = 2 ;
```

7.3.3　基本数据类型

计算机（Computer）顾名思义就是可以用于计算（Compute）的机器。计算机程序可以处理各种数据。因此，计算机程序处理的数据必须明确，不允许有语法歧义。为了让计算机更好地处理数据，不同的数据需要使用不同的数据类型。

目前，JavaScript有7种基本数据类型和4种引用数据类型，如表7-1所示。

表7-1　　　　　　　　　　　　　　JavaScript数据类型

数据类型分类	数据类型
基本数据类型	未定义（Undefined）、空（Null）、数值型（Number）、字符串（String）、布尔值（Boolean）、Symbol（ES6 新增）、BigInt（ES6 新增）
引用数据类型	对象 Object（Array、Date、RegExp、Function）、Function、Set、Map

常用的基本数据类型有5种：未定义（Undefined）、空（Null）、数值型（Number）、字符串（String）、布尔值（Boolean）。

1. Undefined 和 Null

Undefined类型的数据只有一个，为undefined，它用于表示某个变量没有被分配值，也用于表示对象的属性不存在、函数参数没有传递值等，代码如下。

代码7-23　undefined示例

```
let x;
console.info(x);              // 输出 "undefined"。变量 x 没有被分配值

let obj = {};
console.info( obj.name );     // 输出 "undefined"。obj 没有 name 属性

function myFun(a){
    console.info(a);
}
```

```
myFun(); // 输出 "undefined"。参数没有传递值
```

null用于表示变量的值为空。undefined与null之间的差别比较微小。如果要设定一个变量为基本数据类型值，可以初始化其值为undefined；如果要设定一个变量为引用数据类型值（对象），可以初始化其值为null。

但如果不进行精确比较，很多时候undefined和null本身就相等，即null==undefined将返回true。

要精确区分null和undefined，应该考虑使用绝对等于符号（===），代码如下。

代码7-24　null示例

```
console.info( null == undefined );   // true
console.info( null === undefined );  // false
```

2. Number

根据ES6标准，JavaScript中只有一种数字类型，其值为基于IEEE754标准的双精度64位二进制格式的值（即$-2^{63}-1 \sim 2^{63}-1$）。简单来讲，JavaScript不区分整数和浮点数，将它们统一用Number 表示。合法的Number类型数据代码如下。

代码7-25　Number示例

```
82;          // 整数 82
0.456;       // 浮点数 0.456
1.2345e3;    // 科学记数法表示 1.2345×1000，等同于 1234.5
             // 科学记数法中 E 为间隔符号，E 不区分大小写
-43;         // 负数 43
```

还有一些特殊的Number类型数值，代码如下。

代码7-26　特殊的Number类型数值

```
NaN;         // NaN 表示 Not a Number，当无法计算结果时用 NaN 表示
Infinity;    // 无限大
-Infinity;   // 无限小
// 当数值超过 JavaScript 数值所能表示的范围时，就表示为 Infinity
```

如果把 NaN 、undefined作为参数进行任何数学运算，则结果会是NaN，代码如下。

代码7-27　运算结果为NaN示例

```
console.info( NaN + 5 );          // NaN
console.info( undefined + 5 );    // NaN
```

可以用数值对象的方法Number.isNaN(x) 来判断数据 x 是不是 NaN。若是，则该函数返回布尔值true；若不是，则返回布尔值false，代码如下。

代码7-28　判断数据是否是NaN示例

```
Number.isNaN(NaN); // true
Number.isNaN(123); // false

// NaN 与任何数据都不相等，包括 NaN 自己
// 无法用 == 或者 === 判断一个数据是否是 NaN
console.info( NaN === 100 );  // false
console.info( NaN === NaN );  // false
```

除了十进制数据外，JavaScript 还可以处理二进制、八进制和十六进制的数据，代码如下。

代码7-29　其他进制的数据示例

```
// 十进制（默认）
let a = 100 ;

// 十六进制：以 0x 开头，后面是由 0 ~ 9 和 a ~ f 组成的数据
let a = 0x1a ;

// 八进制：以 0 开头，假如 0 后面的数字不在 0 ~ 7 范围内
// 该数字将会被转换成十进制数字
let a = 017 ;

// 二进制：以 0b 开头
let a = 0b100 ;
```

3. String

JavaScript字符串有两种：传统字符串和模板字符串。

（1）传统字符串

传统字符串是以单引号（''）或双引号（""）标注的文本，如'abc'、"xyz"等。

字符串

单引号（''）或双引号（""）本身只是一种表示方式，不是字符串的一部分。因此，字符串'abc'只有a、b、c这3个字符，不包含两个单引号。代码如下。

代码7-30　字符串输出示例

```
console.info("abc");      // 输出 "abc"，在输出内容中是看不到引号的
```

浏览器控制台的输出效果如图7-7所示。

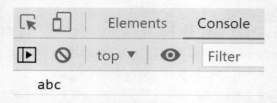

图7-7　输出字符串"abc"

（2）模板字符串

模板字符串是以反引号（``）标注的文本，如 `abc`、`xyz`等。

模板字符串是ES6新增的字符串形式。相比于传统字符串，它的功能更加强大，它可以当作普通字符串使用，也可以用来定义多行字符串，或者利用 ${} 在字符串中嵌入JavaScript表达式，代码如下。

代码7-31　模板字符串示例

```
// 定义多行字符串
let  str = `
    There are 100 items
```

```
    in your basket, 50
    are on sale!
  `;


// 在模板字符串中嵌入变量
let  num = 100;
let str = ` 我们有 ${num} 人 `;
console.info( str );    // 我们有 100 人
```

4. Boolean

布尔值只有true（真）、false（假）两种值，往往用于逻辑判断。

可以直接用true、false表示布尔值，也可以通过布尔运算得出布尔值，代码如下。

代码7-32　布尔值示例

```
true;         // 这是一个 true 值
false;        // 这是一个 false 值
5 > 2;        // 这是一个 true 值
12 >= 23;     // 这是一个 false 值
```

JavaScript中某些特别的数据虽然不是布尔值，但是在逻辑判断（>、>=、<、<=、!=、==、===）中被视为布尔值 false。除了代码7-33中的6个值视为false外，其他数据都视为 true。

代码7-33　视为false的数据

```
undefined
null
false
0
NaN
"" or '' or``（空字符串）
```

5. 基本数据类型转换

为什么需要数据类型转换？

因为在项目中根据需求，数据需要做各种转换。比如，使用JavaScript从页面中获取的任何数据都是字符串，需要将其转换成数值型数据才能参与数学运算；存储数据时，有时需要把数据转换为字符串等类型。

数据类型转换分为隐式类型转换和显式类型转换。

隐式类型转换在JavaScript内部自动完成。常见的隐式类型转换示例代码如下。

代码7-34　隐式类型转换示例

```
10 + "age"              // "10age", 数字 10 转换成字符串
"4"*"5"                 // 20, 字符串自动转换成数字


let a = 1 - "x";        // NaN, 字符串 "x" 无法转换为数字
let b = a + " name";    // "NaN name", NaN 转换为字符串 "NaN"
console.info(a);        // NaN
console.info(b);        // "NaN name"
```

显式类型转换是程序员通过函数完成的。在JavaScript中，基本数据类型的显式类型转换只有3种情况，分别是转换为字符串、转换为数值和转换为布尔值。

（1）转换为字符串

把数据转换为字符串，可以使用toString()方法和强类型转换函数String()，示例代码如下。

代码7-35　转换为字符串示例

```
let  a = 100 ; // 数值
let str =  a.toString();
console.info( typeof a );   // Number
console.info( typeof str ); // String

// 数值调用 toString() 方法可以转换为对应进制数据的字符串
let num = 10;
console.info( num.toString() );              //"10"（十进制）
console.info( num.toString(2) );             //"1010"（二进制）
console.info( num.toString(8) );             //"12"（八进制）
console.info( num.toString(10) );            //"10"（十进制）
console.info( num.toString(16) );            //"a"（十六进制）

// 强类型转换示例
let value1 = 10;
let value2 = true;
let value3 = null;
let value4;
console.info( String(value1) );              //"10"
console.info( String(value2) );              //"true"
console.info( String(value3) );              //"null"
console.info( String(value4) );              //"undefined"
```

（2）转换为数值

把数据转换为数值，可以使用函数parseInt()、parseFloat()和强类型转换函数Number()。

parseInt()与parseFloat()专门用于把字符串转换为数值，从字符串第0个位置开始（从左边开始），找到第一个非空格字符为止，返回前面找到的数值。如果转换失败，则返回NaN。它们的区别在于，parseInt()将字符串转换为整数，parseFloat()将字符串转换为浮点数。

Number()则可以把任何数据转换为数值，转换失败则返回NaN，代码如下。

代码7-36　转换为数值示例

```
console.info(parseInt("-1-2a"));             //-1
console.info(parseInt("-a2a"));              //NaN
console.info(parseInt("1.2a"));     //1
console.info(parseFloat("1.2a"));   //1.2
console.info(parseInt(""));         //NaN
console.info(parseFloat(null));     //NaN
console.info( Number("12a") );      //NaN
console.info( Number("12") );       // 12
```

```
console.info( Number("") );          //0
console.info (Number(null) );        //0
console.info( Number(undefined) );   //NaN
console.info( Number(true) );        //1
console.info( Number(false) );       //0
```

（3）转换为布尔值

把数据转换为布尔值，可以使用两个逻辑运算符非（‼）和强类型转换函数boolean()。

除了false值数据（false、null、undefined、NaN、空字符串、0等）外，其余数据转换为布尔值时，均视为true，代码如下。

代码7-37　转换为布尔值示例

```
console.info( !!100 );        // true
console.info( !!0);           // false
console.info( !!{});          // true
console.info( !![]);          // true
console.info( !!"");          // false
console.info( !!"0");         // true
console.info( !!null);        // false
console.info( !!undefined);   // false
console.info( !!NaN );        // false

boolean(undefined)            // false
boolean(null)                 // false
boolean(0)                    // false
boolean(NaN)                  // false
boolean(")  // false
```

6. 判断基本数据类型

可以使用typeof运算符判断基本数据类型，代码如下。

代码7-38　typeof 使用示例

```
let s = "CQIE";
let b = true;
let i = 22;
let u;
let n = null;
let nan = NaN;
console.info(typeof s);      //String
console.info(typeof i);      //Number
console.info(typeof b);      //Boolean
console.info(typeof u);      //undefined
console.info(typeof n);      //Object
console.info(typeof nan);    //Number
```

从上面的执行结果可以看到，如果变量的值是null，则typeof运算符会返回"Object"，因为在JavaScript中它被视为一个特殊对象。检测数据是否是 null，可以直接使用绝对等于符号（===）进行判断。

运算符

7.3.4　运算符与表达式

JavaScript中的运算符是用于完成操作的一系列符号，表达式则将这些符号通过一定的规则联系起来实现某种特定的功能。

1. 运算符按照操作数的个数分类

运算符按照操作数的个数，分为一元运算符、二元运算符和三元运算符。

（1）一元运算符

一元运算符只有一个操作数。常用的一元运算符有++、--、-（负号）、+（正号）、~、!、delete、typeof 等。

代码7-39　一元运算符示例

```
let  a = 100 ;
++a ;   //  a 自增1。++ 就是典型的一元运算符
```

（2）二元运算符

大多数运算符都是二元运算符，它们的操作数都是两个。它们可以将两个表达式合并成一个复杂的表达式。

代码7-40　二元运算符示例

```
let a = 100 + 200 ; // 300
```

（3）三元运算符

JavaScript中只有一个三元运算符，是条件运算符（?：），它将3个表达式合并成一个表达式。

代码7-41　三元运算符示例

```
let a = 20 ;
console.info(a > 19 ?  true : false );   //  true
```

2. 运算符按照功能分类

运算符按照功能，分为算术运算符、赋值运算符、比较运算符、逻辑布尔运算符等。

（1）算术运算符

算术运算符用于执行变量或值之间的算术运算，具体如表7-2所示。算术运算符运算示例代码如下。

表7-2　　　　　　　　　　　　　算术运算符

算术运算符	说明	算术运算符	说明
+	加	%	求余
−	减	++	递增1
*	乘	--	递减1
/	除	**	幂运算

代码7-42　算术运算符示例

```
let  numA = 100;
let  numB = 20 ;
```

```
console.info( numA + numB);    // 120
console.info( numA - numB);    // 80
console.info( numA * numB);    // 2000
console.info( numA / numB);    // 5
console.info( numA % numB);    // 0
console.info( numA++ );        // 100
console.info( ++numB );        // 21
console.info( numB**2 );       // 21 的 2 次方，441
```

特殊的数据进行算术运算时，会进行隐式类型转换。例如，null转换为0，false转换为0，true转换为1。

但是，NaN 和 undefined 参与的任何运算的结果都是NaN，代码如下。

代码7-43　特殊数据的运算示例

```
console.info(undefined + undefined);   // NaN
console.info(null + null);             // 0
console.info(false + false);           // 0
console.info(true + true);             // 2
```

算术运算符+还能实现字符串的拼接。如果运算中的其中一个操作数为字符串，那么会把另一个操作数也转换为字符串，代码如下。

代码7-44　加法运算示例

```
10 + 30          // 40
10 + "30"        // 1030，拼接成一个新的字符串
10 + 20 + "30"   // 3030
4 + [1,2,3]      // "41,2,3"

console.info('' + undefined);          //'undefined'
console.info('' + null);               //'null'
console.info('' + false);              //'false'
console.info('' + true);               //'true'
```

因此，利用加号（＋）运算符的特性，可以通过“"+任意类型值”将数据转换为字符串。

（2）赋值运算符

赋值运算符就是含“=”的运算符，用于将右边的操作数赋给左边的操作数，如表7-3所示。赋值运算符示例代码如下。

表7-3　　　　　　　　　　　　　　　　　赋值运算符

赋值运算符	说明
=	将右边表达式的值赋给左边的变量
+=	将运算符左边的变量加上右边表达式的值赋给左边的变量
-=	将运算符左边的变量减去右边表达式的值赋给左边的变量
*=	将运算符左边的变量乘右边表达式的值赋给左边的变量
/=	将运算符左边的变量除以右边表达式的值赋给左边的变量
%=	将运算符左边的变量用右边表达式的值取余，并将结果赋给左边的变量
**=	将运算符左边的变量用右边表达式的值求次方，并将结果赋给左边的变量

代码7-45　赋值运算符示例

```
let  numA = 10;
numA += 50 ;   // 相当于 numA = numA + 50 ;
numA -= 50 ;   // 相当于 numA = numA - 50 ;
numA *= 50 ;   // 相当于 numA = numA * 50 ;
numA **= 2 ;   // 相当于 numA = numA ** 2 ;，其他以此类推
```

（3）比较运算符

比较运算符是比较两个操作数的大小或相等的运算符，主要用于逻辑语句中，如表7-4所示。比较结果是一个布尔值，即true或者false。比较运算符示例代码如下。

表7-4　　　　　　　　　　　　　　　　比较运算符

比较运算符	说明
<	小于
>	大于
<=	小于等于
>=	大于等于
==	等于
===	绝对等于（值和类型均相等）
!=	不等于
!==	不绝对等于（值和类型有一个不相等，或两个都不相等）

代码7-46　比较运算符示例

```
console.info(10 > 5);         // true
console.info( 10 != 5 );      // true
console.info(10 == "10");     // true
console.info(10 === "10");    // false
console.info(10 !== "10");    // true
```

等于运算符（==）和不等于运算符（!=）的两个操作数不是同一类型，JavaScript会尝试将其中一个转换为合适的类型，然后进行比较。为了数据的严谨性，我们推荐使用绝对等于运算符（===）和绝对不等于运算符（!==）来替代等于运算符（==）和不等于运算符（!=）。

NaN和任何值都不相等，包括其自身。因此，判断某个数据是否是NaN，应该使用Number.isNaN()方法，代码如下。

代码7-47　关于NaN的比较判断示例

```
console.info( null == NaN );        // false
console.info( NaN == NaN );         // false
onsole.info( Number.isNaN(NaN) );   // true
```

（4）逻辑运算符

两个操作数进行逻辑运算实际是对两个操作数对应的布尔值进行比较。逻辑运算符用于测定变量或值之间的逻辑，也就是与、或、非，如表7-5所示。

表7-5	逻辑运算符
逻辑运算符	**说明**
!	逻辑非
&&	逻辑与
||	逻辑或

和其他语言不同，JavaScript中与（&&）和或（||）返回的并不是布尔值，而是影响结果的表达式的值。

虽然与运算符（&&）和或运算符（||）返回的不是布尔值，但是它们的表达式被隐式转换为布尔值，然后参与运算。例如，下面代码中的 null 就被隐式转换为布尔值 false，代码如下。

代码7-48　逻辑运算符与（&&）和或（||）示例

```
let a = 42;
let b = "abc";
let c = null;

a || b; // 42
a && b; // "abc"
c || b; // "abc"
c && b; // null
```

非运算符（!）可以把表达式的值转换为相反的布尔值，那么双重非运算符（!!）可以得出表达式对应的布尔值，代码如下。

代码7-49　逻辑运算符非（!）示例

```
let n1 = !true;      // false
let n2 = !!{};       // true, 对于任何对象转换为布尔值都是 true
let n3 = !!false;    // false
let n4 = !!"";       // false
let n5 = !10;        // true
```

7.3.5　数学方法

数学对象

Math是JavaScript内置的对象，通过"Math.方法"的方式可以让JavaScript进行数学计算，如求整、获取随机数等。

1. 取整

向上取整：使用Math.ceil(x)对数值x取离它最近的较大的整数。例如，Math.ceil(4.3)的值为5。

向下取整：使用Math.floor(x)对数值x取离它最近的较小的整数。例如，Math.floor(4.3)的值为4。

四舍五入：使用Math.round(x)对数值x取离它最近的那个整数。例如，Math.round(4.3)的值为4，而Math.found(4.6)的值为5。

取整代码如下。

代码7-50　取整示例

```
let  num = 123.5;
Math.info( Math.ceil(num) );        // 124
Math.info( Math.floor(num) );       // 123
Math.info( Math.round(num) );       // 124
```

2. 获取随机数

获取随机小数：使用Math.random()获取0~1的随机小数，但是不包括0和1。

获取0~N的随机数：使用Math.random()*N获取0~N的随机小数，但是不包括0和N。

获取0~N的随机整数：使用Math.round(Math.random()*N)获取0~N的随机整数。

获取随机数代码如下。

代码7-51　获取随机数示例

```
let  num = Math.random();
Math.info(num);    //  得到类似 0.4613031949185212 的一个小数

let  num2 = Math.round( Math.random()*100 );
Math.info(num2);   //  得到一个 0 ~ 100 的随机整数

let  num3 = Math.round( Math.random()*50 )+50;
Math.info(num3);   //  得到一个 50 ~ 100 的随机整数
```

Math对象中的其他方法如表7-6所示。

表7-6　　　　　　　　　　Math对象中的其他方法

方法	描述
abs(x)	返回数的绝对值
acos(x)	返回数的反余弦值
asin(x)	返回数的反正弦值
atan(x)	返回介于 −PI/2 与 PI/2 弧度之间的数值 x 的反正切值
atan2(y,x)	返回从 x 轴到点 (x,y) 的角度（介于—PI/2 与 PI/2 弧度之间）
cos(x)	返回 x 的余弦值
exp(x)	返回 e 的指数
log(x)	返回 x 的自然对数（底为 e）
max(x,y)	返回 x 和 y 中的最大值
min(x,y)	返回 x 和 y 中的最小值
pow(x,y)	返回 x 的 y 次幂
sin(x)	返回 x 的正弦值
sqrt(x)	返回 x 的平方根
tan(x)	返回 x 的正切值
toSource()	返回某对象的源代码
valueOf()	返回 Math 对象的原始值

7.4　流程控制语句

流程控制

　　JavaScript默认代码执行顺序是从上到下，但是JavaScript也提供了多种用于程序流程控制的语句，用以改变这种默认的代码执行顺序。流程控制语句主要是条件语句和循环语句。条件语句包括if语句和switch语句，循环语句包括for语句、while语句和do-while语句。

本节要点

（1）能列举JavaScript的流程控制语句，能举例说明它们的用法。
（2）能正确理解条件语句和循环语句的语法结构，并掌握它们的用法。
（3）能区分和应用break和continue语句。
（4）能使用条件语句和循环语句解决生活中的判断、累加、枚举等问题。

7.4.1　条件语句

　　条件语句根据条件表达式的判断结果分别执行不同的程序段。

1. if 语句

　　if语句是JavaScript中最常见的条件判断语句之一，其语法结构如下。

```
if( 条件表达式 ){
    代码段
}
```

　　其含义是，如果表达式成立（表达式的值为true），则执行代码段，否则不执行代码段，代码如下。

代码7-52　if语句示例

```
let  age = 18;
if (age >= 16) { // 如果 age >= 16 为 true，则执行 {} 中的代码段
    console.info('You are 16+');
}
```

　　if语句也可以与else一起使用。判断if后面()中的表达式为true，还是false。若表达式的结果为true，则执行代码段1中的程序；当表达式的结果为false，执行代码段2中的程序。其语法结构如下。

```
if( 表达式 ){
    代码段 1
}else{
    代码段 2
}
```

代码7-53　if-else语句示例

```
// 判断年龄是否超过 16 岁
let  age = 18;
if (age >= 16) { // 如果 age >= 16
```

```
    console.info('You are 16+');
}else{   // 如果 age < 16
    console.info('You are 16-');
}
```

2. switch 语句

当判断条件比较多时，采用多个if…else…会使程序看起来比较烦琐，不那么清晰。为了使程序简洁，看起来比较清楚，可以使用switch语句来实现多个条件的判断。在switch语句中，表达式的值将会与每个case语句中的值比较，如果相匹配，则执行对应case语句后面的代码，如果没有一个相匹配的，则执行default语句。Switch语句的语法结构如下。

```
switch(表达式){
case   值1：语句块1;break;
case   值2：语句块2;break;
…
default：语句块n
}
```

switch语句经常用在需要判断的条件比较多的时候，若switch后面()中的表达式的值等于case语句中的某个常量值，就执行相应的语句块。

关键字break会使程序跳出switch语句。如果没有break，程序就执行下一个case语句，直到所有case语句执行完。因此switch语句中的每一个case语句块后面都会添加break，使判断表达式执行完需要执行的程序后跳出switch语句，不再执行其他case语句。

Default语句是当表达式的结果不等于任何一个case语句中的变量值时所执行的代码，代码如下。

代码7-54　switch语句示例

```
// 根据星期输出"周 ×"。
let  day = 1 ;  //  设定为周一
switch( day ){
    case 1 :
        console.info("周一");
        break;
    case 2 :
        console.info("周二");
        break;
    case 3 :
        console.info("周三");
        break;
    case 4 :
        console.info("周四");
        break;
    case 5 :
        console.info("周五");
        break;
    default:
        console.info("周末");
}
```

7.4.2　循环语句

循环语句的作用是反复执行同一段代码，常用的循环语句有while语句和for语句。在循环语句中只要给定的条件能够满足，包含在循环体里的代码就会重复执行，直到给定的条件为假，跳出循环体，终止循环语句的执行。

1. while 语句

while语句是前测试循环语句，首先判断条件是否成立，再执行循环体里的代码。判断条件不成立时，循环体里的代码可能一次都不会执行。其语法结构如下。

```
while( 表达式 ){
代码段
}
```

当表达式的值为true时，会不断地执行循环体代码段，直到表达式的值为false时，跳出循环体，代码如下。

代码7-55　while语句示例

```
// 输出 1 ~ 20
let  i = 1;
while( i <= 20){
    console.info( i );
    i ++ ;
}
```

2. do-while 语句

do-while语句是while语句的另一种表达形式，是一种后测试循环语句。它先执行一次循环体的语句块，然后判断表达式。当判断表达式的结果为true时，继续执行循环体，当判断表达式的结果为false时，跳出循环体，不再执行循环语句。其语法结构如下。

```
do{
语句块
}while( 表达式 );
```

代码7-56　do-while语句示例

```
// 输出 1 ~ 20
let  i = 1;
do{
    console.info( i );
    i ++ ;
}while( i <= 20);
```

3. for 语句

for语句是前测试循环语句，在进入循环之前初始化变量，并且定义循环体执行后要执行的代码。其语法结构如下。

```
for( 初始化变量 ; 判断表达式 ; 循环表达式 ){
代码块
}
```

其执行过程如下。

① 初始化变量。

② 判断表达式是否为true，如果是，则执行循环体中的代码块，否则终止循环。

③ 执行循环体代码块。

④ 执行循环表达式。

⑤ 返回第②步操作。

for语句适用于已知循环次数的运算，代码如下。

代码7-57　for语句示例1

```
// 输出 1 ~ 20
let i;    // 定义循环变量
for( i = 1 ; i <= 20 ; i++){
    console.info( i );
}
console.info( i ); // 21
```

也可以把循环变量的定义写在"初始化变量"的位置，此时，如果使用let定义一个变量，则该变量是 for 语句的内部变量，循环结束后不可访问。这么做的优势在于可以防止循环变量泄露，代码如下。

代码7-58　for语句示例2

```
// 输出 1 ~ 20
for(let i = 1 ; i <= 20 ; i++){
    console.info( i );
}
console.info( i ); // 报错
```

4. break 和 continue 语句

break语句可以立即退出整个循环。

continue语句只能退出当前循环，根据循环表达式的值还可以进行下一次循环。

代码7-59　break和continue语句示例

```
// 只会返回 1 ~ 4。因为 i 为 5 时，跳出了整个循环
for(let  i = 1 ;  i <= 20 ; i++){
    if( i == 5 ){
        break ;
    }
    console.info( i );
}

// 输出结果中会少了 5
// 因为 i 为 5 时，跳出了当前循环，继续进行下一次循环，没有输出 "5"
for(let i = 1 ;  i <= 20 ; i++){
    if( i == 5 ){
        continue ;
    }
    console.info( i );
}
```

7.5　函数

用于实现某一功能的程序指令（语句）的集合称为函数（Function）。简单地说，函数是用于实现某个功能的一组语句，它接收0个或者多个参数，然后执行函数体来实现某种特定的功能，最后根据需要返回或者不返回处理的结果。函数是可重复使用的代码块，可以提高代码的执行效率和可维护性。

本节要点

（1）能描述JavaScript定义和调用函数的方式，并能说明函数中return语句的作用以及函数作用域类型。

（2）能正确理解函数的参数、参数对象和默认参数，并能用参数处理不同的数据。

（3）能理解函数规范，并能初步养成良好的函数式编程习惯。

7.5.1　函数的定义

JavaScript使用关键字function定义函数。函数可以通过声明式定义，也可以通过函数表达式定义。

函数的定义和
调用

1. 声明式定义函数

声明式定义函数的语法结构如下。

```
function 函数名（参数）{
    函数体语句
}
```

关键字function声明的代码块就是一个函数。function后面是函数名，函数名后面是()。()中可以传入函数的参数。参数不是定义函数必需的内容。函数体放在{}中，代码如下。

代码7-60　函数定义示例

```
// 举例：不带参数的函数
function myFunction( ) {
    console.info("Hello,world");
}
console.info(typeof  myFunction);      // 输出类型 "function"
myFunction();                          // 输出 "Hello,world"

// 举例：带参数的函数
function myFunction2( text ) {
    console.info( text );
}
console.info(typeof  myFunction2);     // 输出类型 "function"
myFunction2( "Hello,world" );          // 输出 "Hello,world"
```

函数定义后不会立即执行，只有调用函数时，函数代码才会执行。一般建议先定义函数，再调用函数，代码如下。

代码7-61　调用函数示例

```
myFunction( );                        // 无参调用
myFunction2( "Hello,world" );         // 带参调用
```

分号用来分隔可执行的JavaScript语句，使用function定义函数的语句是不可执行语句，所以不用以分号结束。

如果同一个函数被多次定义，后面的定义就会覆盖前面的定义，代码如下。

代码7-62　函数多次定义示例

```
function myFunction() {
    console.info(1);
}
function myFunction() {          // 覆盖上一个函数定义
    console.info(2);
}
myFunction();                   // 输出 "2"
```

2. 函数表达式定义函数

使用关键字function定义函数时，可以不写函数名，没有名称的函数称为匿名函数，也叫函数表达式。使用函数表达式定义函数的本质是将匿名函数赋给一个变量。这个变量就变成了函数名。其语法结构如下。

```
let   函数名 = function (   ){
      函数体语句
};
```

使用函数表达式定义函数时，不要忘了{}末尾的分号（;），因为此时的函数定义语句是可执行语句。

使用这种方式定义的函数只能放在函数调用代码前面，否则会报错，代码如下。

代码7-63　函数表达式定义函数示例

```
// 举例：不带参数的函数
let myFunction = function ( ) {
    console.info("Hello ,world");
}; //  这里需要一个分号
console.info(typeof  myFunction);   // 输出类型 "function"
myFunction(); // 函数调用
// 举例：带参数的函数
let myFunction2 = function ( text ) {
    console.info( text );
};
console.info(typeof  myFunction2); // 输出类型 "function"
myFunction2( "Hello,world" );          // 输出 "Hello,world"
```

7.5.2　函数的作用域

函数的作用域也就是函数的作用范围。函数的作用域有全局作用域和局部作用域之分。

1. 全局函数

正常情况下，没有任何限制的函数一般都是全局函数。全局函数在页面的任何位置都可以调用，代码如下。

代码7-64　全局函数示例

```
function myFun(){
    console.info(' 这是一个全局函数 ');
}

let myFun = function(){
    console.info(' 没有任何限制下，这也是一个全局函数 ');
}

{    // 哪怕在 {} 里，利用 function 定义的函数也是全局函数
    function myFun(){
    console.info(' 这还是一个全局函数 ');
    }
}
```

2. 局部函数

局部函数只在局部作用域有效。

（1）在一个函数内部定义的函数只在该函数内部有效，代码如下。

代码7-65　局部函数示例1

```
function myFun(){
    let   x = 100;
    function showX(){    // 这个函数定义在函数 myFun1() 内部，是一个局部函数
        console.info( x );
    }
showX();    // 输出 "100"
}
showX();    // 在函数外试图调用 showX()，报错
```

（2）在代码块，如{}中，使用函数表达式定义的函数存储在用let定义的变量中，它就只在该{}内部有效，代码如下。

代码7-66　局部函数示例2

```
{
    function myFun1 (){
        console.info(' 它依然是一个全局函数 ');
    }
    let myFun2 = function(){
        console.info(" 这个是一个局部函数 ");
    }
}
myFun1();    // 输出 "它依然是一个全局函数"
myFun2();    // 报错
```

7.5.3　函数参数和参数对象

函数参数和
参数对象

　　如果函数处理的数据经常变动，则可以考虑把经常变动的数据定义成函数的参数。参数写在函数名后的()中，多个参数用逗号分隔，代码如下。

```
function 函数名 ( 参数 1, 参数 2 ){
函数体语句
}
```

　　例如，要实现两个数相加，按照传统思路定义函数，代码如下。

代码7-67　按照传统思路定义函数示例

```
// 定义函数
function  addFun(){
    console.info( 200 + 300 );
}
// 调用函数
addFun();   // 无论调用多少次，都只输出 "500"，只完成 200 和 300 的相加运算
```

　　在按照传统思路定义的函数中，addFun()函数处理的数据是固定的，处理的结果也是固定的。无论调用addFun()多少次，都只输出500，只完成200和300的相加运算。

　　通过参数，可以让函数处理不同的数据，让函数执行不同的操作。

　　改进以上的代码，添加参数，代码如下。

代码7-68　带参定义函数示例

```
// 定义函数
function  addFun(a,b){
    console.info( a + b );
}
// 调用函数
addFun( 100, 50 );   // 计算 100 +50，输出 150
addFun( 20, 30 );    // 计算 20 + 30，输出 50
// 函数表达式也可以使用参数
let addFun = function(a, b){
    console.info( a + b );
}
addFun( 20, 30 );    // 计算 20+30，输出 50
```

　　以下是利用参数进行不同操作的例子，代码如下。

代码7-69　利用参数进行不同操作示例

```
function sayHi( nation ){
    if( nation === "中国" ){
        console.info("你好");
    }else if( nation === "美国" ){
        console.info( "Hi" );
    }else{
        console.info("Nation is wrong~");
    }
};
```

```
sayHi( "中国" );      // 你好
sayHi( "美国" );      // Hi
```

定义函数时使用的参数只具有数据占位的作用，不是具体的数据。所以，此时的参数称为形参。形参是默认声明的，不能在函数内部用let、const再次声明，代码如下。

代码7-70　使用参数错误示例

```
function  addFun(a,b){
    let a = 100;        // 报错
    const  b = 100;     // 报错
    console.info( a + b );
}
// 形参不需要使用 let 定义，以下为错误示范
function addFun(let a, let b){
    …
}
```

在调用函数时，()中的参数就是实实在在的数据。这时的参数就是实参，代码如下。

代码7-71　实参与形参示例

```
function  addFun( a,b ){ // 形参
    console.info(a+b);
}
addFun(100,200); // 实参。输出 100+200 的值 300
```

也可以给参数设定默认值。当参数被省略或者取值为undefined时，默认值就会产生作用，代码如下。

代码7-72　参数默认值示例

```
function  myFun( a = 10, b = 20 ){
    let n1 = a ;
    let n2 = b ;
    return n1 + n2 ;
}
console.info( myFun() );            // 输出 30。a、b 的实参被省略，使用默认值
console.info( myFun(2) );           // 输出 22。b 的实参被省略，b 使用默认值 20
console.info( myFun(0,5) );         // 输出 5
console.info( myFun( undefined,5 ) );// 输出 15。a 的值为 undfined，使用默认值 10
```

和其他语言不同，JavaScript的形参和实参的个数可以不一样，此时不会报错，只是运行结果可能和预计的不一样，代码如下。

代码7-73　形参与实参个数不一致示例

```
function  addFun(a,b){
    console.info(a+b);
}
addFun();             // 计算 undefined+undefined 的值，a 和 b 的值均为 NaN
addFun(10);           // 计算 10+undefined 的值，b 的值为 NaN
addFun(10,20,300);    // 计算 10+20 的值，输出 "30"
```

当形参和实参的个数相同时，无论实参和形参的个数是多少，实参和形参都会尽量一一对应。但是，如果形参和实参的个数不一致，就会出现两种情况。

（1）实参个数小于形参个数：多出的形参得不到实参的值，会被赋为undefined。

（2）实参个数多于形参个数：多出的实参会被浪费，没有形参接收。

这是因为，JavaScript函数有个内置的参数对象，即arguments对象。所有实参都存储在参数对象arguments中。

参数对象arguments类似于数组，通过arguments.length可以轻松获取函数实参的个数。通过arguments[索引]可以获得具体的参数值。

实参个数不足其实就是arguments的元素未定义，未定义元素的值就是undefined。

实参个数多于形参数个数，虽然没有形参接收多出的实参的值，但是依然可以在arguments中获取它们，代码如下。

代码7-74　arguments使用示例

```
function  myFun(a, b){
      console.info(arguments.length , arguments[1]);
};
myFun();                      // 输出: 0   undefined
myFun(10);                    // 输出: 1   undefined
myFun(10,20,300);             // 输出: 3   20

// 可以利用循环遍历函数的每个实参
function myFun() {
    for(let i=0 ; i <= arguments.length-1 ; i++){
        console.info( arguments[i] );
    }
}
myFun(1,2,3)                  // 依次输出函数的实参: 1、2、3
```

ES6引入了新的剩余参数对象rest，在定义函数时写在形参的最后。

实参与形参一一对应后，多余的实参以数组的形式存储在剩余参数对象rest中。如果传入的实参少于形参，则剩余参数对象rest会是一个空数组。

剩余参数对象参数前面有3个点（...），这是解构符，可以把数组变成以逗号分隔的数据序列，代码如下。

代码7-75　剩余参数对象使用示例

```
function exm(a, b, ...rest) {
    console.info('a = ' + a);
    console.info('b = ' + b);
    console.info(rest);
}
exm(1, 2, 3, 4, 5);
// a = 1
// b = 2
// Array [ 3, 4, 5 ]

exm(1);
// a = 1
// b = undefined
// Array []
/*
```

```
如果在定义函数时，不写其他形参，只写 rest 参数对象，那么 rest 参数对象的作用与 arguments
对象的一样
*/
let  myFun = function(...rest){
        console.info(rest);
};
myFun(1,2,3);  // [1,2,3]
```

7.6 DOM基础

JavaScript的文档对象模型（Document Object Model，DOM）是W3C制定的标准接口规范，它定义了访问 HTML文档标签的标准。通过DOM，开发人员可以操作页面的任何标签，添加、删除和修改页面的某一部分。Web交互界面的很多特效都是基于DOM的操作制作的。

本节要点

（1）根据HTML代码，能描述并绘制出DOM图，能识别出DOM图中各个节点之间的关系。

（2）能通过DOM方法快速获取标签，更改标签内容和属性。

（3）能理解DOM规范，并能初步养成DOM操作习惯。

7.6.1 DOM树与节点

浏览器会根据DOM模型，将HTML代码解析成一系列的节点，再由这些节点组成DOM树（DOM Tree）。

HTML结构示例代码如下。

代码7-76 HTML结构示例

```
<!DOCTYPE html>
<html lang="en">
<head>
    <meta charset="UTF-8">
    <title>dom</title>
</head>
<body>
    <div>
        <a href="www.baidu.com">百度 </a>
    </div>
</body>
</html>
```

根据上面的代码绘制DOM树，如图7-8所示。

如图7-8所示，每一个矩形都是DOM的最小组成单位，称为节点（Node）。节点可以是标签、属性和文本等，最常用的就是标签节点。

浏览器原生提供了一个特殊节点document，它代表整个文档，也就是整个页面。

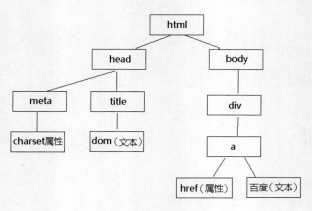

图7-8　DOM树

主要有3种节点，即父节点、子节点和兄弟节点。

1. 父节点

父节点（ParentNode）是标签的上一级节点。在图7-8所示的DOM树中，<div>标签就是<a>标签的父节点。

2. 子节点

子节点（ChildNode）是标签的下一级节点。在图7-8所示的DOM树中，<a>标签就是<div>标签的子节点。但是，<a>标签不是<body>标签的子节点，而是"孙"节点，因为中间隔了一层<div>标签。

3. 兄弟节点

兄弟节点（SiblingNode）是标签的平级节点。在图7-8所示的DOM树中，<meta>标签和<title>标签就是兄弟节点。

DOM使用家族似的关系来形容节点之间的关系。

7.6.2　标签节点常用属性

标签节点的常用属性如表7-7所示。

表7-7　　　　　　　　　　　　　　　　标签节点常用属性

属性	作用
xNode.nodeType	获取节点的类型、数值
xNode.nodeName	获取节点的名称为大写字母
xNode.className	获取 / 更改类名，类的属性用 className，这么做是为了避开关键字 class
xNode.innerHTML	获取（双标签）节点之间的内容，只对双标签有用，如 <div>、<ul> 等
xNode.classList	返回元素的类名，作为 DOMTokenList 对象，用于在元素中添加、移除及切换 CSS 类

获取标签节点后，可以通过点语法获取标签的属性，代码如下。

代码7-77　使用点语法获取标签属性

```
<div id="box" class="section">
    你好，我是 div
</div>
<script>
    let box = document.getElementById("box");
    console.info( box.nodeType );  // 1
    console.info( box.nodeName );  // DIV
    console.info( box.innerHTML ); //  你好，我是 div
    console.info( box.id ); //  box
    console.info( box.className ); //  section
    console.info( box.classList ); //  DOMTokenList(1)
</script>
```

7.6.3　DOM获取标签

DOM提供了多种灵活的方式获取标签，可以通过ID、类名、标签名等方式获取指定标签，甚至可以通过CSS选择器获取指定标签。根据需要，开发者可以利用DOM灵活操作页面标签，极大地提高了Web交互设计与开发的便利性。

DOM获取标签

1. 通过 ID 获取标签

利用标签的ID属性，可以直接获取对应标签。这是获取标签最常用的方法之一，也是效率最高的方法之一。其语法结构如下。

```
let  xID = document.getElementById("xID");
```

为了提高代码执行效率，获取的标签往往放入指定的变量中，代码如下。

代码7-78　通过ID获取标签示例

```
<div id="mydiv">
    这个是示例内容
</div>
<script>
    let mydiv = document.getElementById("mydiv");  // 通过 ID 获取标签
    console.info( mydiv.innerHTML );               // 这个是示例内容
</script>
```

2. 通过类名获取标签

按类名获取元素，获取的是由相关标签组成的标签数组。哪怕找到的标签只有一个，也存储在数组中。有两种使用类名获取标签的方式。

（1）获取页面中所有类名为cName的标签。

```
let  cName = document.getElementsByClassName("cName");
```

这么做可获取页面中所有类名为cName的标签。但是，浏览器会遍历所有标签，效率太低。

（2）获取指定标签下所有类名为cName的标签。

```
let  cName = xEl.getElementsByClassName("cName");
```

以上语句可获取\<xEl\>标签下所有类名为 cName的标签。这样缩小了浏览器遍历标签的范围，相比上面的方法，这种方法的效率提高了很多，代码如下。

代码7-79　通过类名获取标签示例

```
<ul id="myul">
    <li>111</li>
    <li class="myli">222</li>
    <li>333</li>
    <li class="myli otherclass">444</li>
    <li>555</li>
</ul>
<script>
    let myul = document.getElementById("myul");  // 通过 ID 找到框架标签
    let myli = myul.getElementsByClassName("myli");
    // 获取 myul 下所有类名为 myli 的标签。这里是 222 和 444 的标签
    console.info( myli );
    // 获取某个标签
    console.info( myli[0] );   //<li class="myli">222</li>
</script>
```

3. 通过标签名获取标签

用标签名来获取标签，这样获得的也是标签数组。有两种使用标签名获取标签的方法。

（1）获取页面中所有指定名称的标签。

```
let  tagName = document.getElementsByTagName("tagName");
```

以上语句可获取页面中所有名为tagName的标签，浏览器会遍历所有标签，效率低。

（2）获取指定标签下所有指定名称的标签。

```
let  tagName = xEl.getElementsByTagName("tagName");
```

以上语句可获取\<xEl\>标签下所有名为tagName的标签。相比上面的方法，这种方法的效率提高了很多，代码如下。

代码7-80　通过标签名获取标签示例

```
<div id="box">
    <p> 这个是段落 1</p>
    <p> 这个是段落 2</p>
</div>
<p> 段落 3</p>
<p> 段落 4</p>
<script>
    let box = document.getElementById("box");  // 通过 ID 找到框架标签
    let boxP = box.getElementsByTagName("p");   // 获取 box 中的 <p> 标签
    let bodyP = document.getElementsByTagName("p"); // 获取页面中的所有 <p> 标签
```

```
    console.info( boxP );  // 输出"这个是段落1""这个是段落2"
    console.info( bodyP ); // 输出"这个是段落1""这个是段落2""段落3""段落4"
</script>
```

4. 通过 CSS 选择器获取标签

ES6 新增了通过CSS选择器获取标签的方法。

```
xEl.querySelector()
xEl.querySelectorAll()
```

通过CSS选择器查找标签的方法与前面的选择标签函数不一样，它们的区别如下。

（1）querySelector()返回的是单个DOM元素，如果有多个符合要求的标签，就返回第一个标签。

（2）querySelectorAll()返回的是多个DOM元素，也就是标签数组，哪怕只有一个标签，也返回一个标签数组。

通过CSS选择器获取标签的方法也有两种。

（1）获取页面中的指定标签。

```
let  x = document.querySelector( CSS 选择器 );
let  x = document.querySelectorAll( CSS 选择器 );
```

（2）获取某标签下的指定标签。

```
let  x = xEl.querySelector( CSS 选择器 ) ;
let  x = xEl.querySelectorAll( CSS 选择器 );
```

只要是CSS支持的选择器，都可以作为xEl.querySelector() 和 xEl.querySelectorAll() 的参数，代码如下。

代码7-81　通过CSS选择器获取标签示例

```
<ul id="myul">
    <li>111</li>
    <li class="myli">222</li>
    <li>333</li>
    <li class="myli otherclass">444</li>
    <li>555</li>
</ul>
<script>
    let myul = document.querySelector("#myul");  // 通过 ID 找到框架标签
    // 获取 #myul 下所有类名为 myli 的标签。这里是 222 和 444 的标签
    let myli = myul.querySelectorAll(".myli");
    // 以上代码等同于以下代码
    let myli2 = document.querySelectorAll("#myul > .myli");

    // 获取 #myul 下，.myli 紧邻的那个 <li>。这里是 333 和 555 的标签
    let myli3 = document.querySelectorAll("#myul>.myli+li");
</script>
```

5. 获取父标签

所有标签（<html>标签除外）有且只有一个父标签。利用标签的parentNode属性可

以获取它的父标签，代码如下。

代码7-82　获取父标签示例

```
// 假设某个标签直接放在了 <body> 标签下，它的父标签就是 <body> 标签
let myul = document.querySelector("#myul");
let parent = myul.parentNode ;
console.info( parent.nodeName );    //    BODY
```

6. 获取子标签

通过标签的children属性可以获取标签的所有子标签。子标签可能有多个，所以获取的是标签集合，是类数组的结构。

也可以通过firstElementChild和lastElementChild属性获取标签的第一个子标签或者最后一个子标签，代码如下。

代码7-83　获取子标签示例

```
<ul id="myul">
        <li>111</li>
        <li class="myli">222</li>
        <li id="li_3">333</li>
        <li class="myli otherclass">444</li>
        <li>555</li>
</ul>
<script>
let  myul = document.querySelector("#myul");
let  lis = myul.children;
console.info( myul.childElementCount ); // 输出子标签的个数，等同于下面的代码
console.info( lis.length );   // 输出子标签的个数
console.info( lis[2] );          // 输出索引为 2 的子标签，即 <li>333</li>
console.info( myul.firstElementChild );    // <li>111</li>
console.info( myul.lastElementChild );     // <li>555</li>
// 循环遍历子标签
for( let i = 0 ; i <= lis.length-1 ; i++ ){
    console.info( lis[i].innerHTML );       // 依次输出每个 <li> 的内容
}
</script>
```

7. 获取兄弟标签

兄弟标签有两种：前面的兄弟标签和后面的兄弟标签。前面的兄弟标签利用previousElementSibling属性获取，后面的兄弟标签利用nextElementSibling属性获取。这两个属性都只能获取紧邻的那一个兄弟标签。

第一个标签没有previousElementSibling属性，其值为null。同理，最后一个标签没有nextElementSibling属性，其值为null，代码如下。

代码7-84　获取兄弟标签示例

```
<ul id="myul">
        <li>111</li>
        <li class="myli">222</li>
        <li id="li_3">333</li>
```

```
        <li class="myli otherclass">444</li>
        <li>555</li>
</ul>

<script>
let  li_3 = document.querySelector("#li_3");
let  prevEle = li_3.previousElementSibling ;
let  nextEle = li_3.nextElementSibling ;
console.info( prevEle );   // <li class="myli">222</li>
console.info( nextEle );   // <li class="myli otherclass">444</li>
</script>
```

7.6.4 DOM生成或删除标签

DOM也提供了一些生成或删除标签的方法，可以让开发者根据需要动态生成标签或删除标签，如表7-8所示。

表7-8　　　　　　　　　　　　DOM生成或者删除标签的方法

方法	作用
document.createElement(tagName)	动态生成一个新标签
xEle.appendChild(newDiv)	添加新标签的方式一：把新标签添加到 <xEle> 的最后
xEle.insertBefore(newDiv, tag)	添加新标签的方式二：把新标签添加到 <tag> 前面，<tag> 必须是 <xEle> 的子标签
tag.parentNode.insertBefore(newDiv, tag)	xEle.insertBefore（newDiv，tag）方法的改写
xEle.removeChild(tag)	删除 <tag> 标签。<tag> 必须是 xEle 的子标签
tag.parentNode.removeChild(tag)	xEle.removeChild（tag）方法的改写

JavaScript通过document的createElement(tagName)方法可以创建新的标签。()中的tagName 参数是指要创建的标签名。

通过DOM，可以把新生成的标签放到指定标签的最后，代码如下。

代码7-85　动态生成标签示例1

```
// 创建一个新的 <p> 标签，把它添加到 box 中，并放到最后
<div id="box">
    测试
</div>

<script>
    // 找标签
    let  box = document.getElementById("box");
    // 创建新标签
    let  p = document.createElement("p"); // 创建一个新的 <p> 标签
    // 给新标签添加属性
    p.className = "txt";
    p.innerHTML = " 这个添加的内容";
    p.id = "myid";
    // 添加新标签到页面指定位置：box 的最后
```

```
        box.appendChild(p);
    </script>
```

通过DOM，也可以把新生成的标签放到指定标签前面，代码如下。

代码7-86 动态生成标签示例2

```
// 创建一个新的 <p> 标签，并把它添加到 box 前面
<div id="box">
    测试
</div>

<script>
    // 找标签
    let  box = document.getElementById("box");
    // 创建新标签
    let  p = document.createElement("p"); // 创建一个新标签
    // 给新标签添加属性
    p.className = "txt";
    p.innerHTML = " 添加的内容 ";
    p.id = "myid";
    // 添加新标签到页面指定位置：box 前面
    box.parentNode.insertBefore( p,box );
</script>
```

通过DOM，还可以删除指定标签，代码如下。

代码7-87 DOM删除标签示例

```
// 单击按钮，删除 box
<div id="box">
    测试
</div>
<button type="button" id="btn">单击删除 box</button>
<script>
    // 找标签
    let  box = document.getElementById("box");
    let  btn = document.getElementById("btn");
    btn.addEventListener("click",function(){
        box.parentNode.removeChild(box);
    });
</script>
```

7.6.5 DOM操作标签属性

DOM还可以操作标签属性，进行获取属性、更改属性、增加属性、删除属性等操作。DOM操作属性的主要方式如表7-9所示。

表7-9   DOM操作属性的主要方式

方式	作用
xEle. 属性名	获取 / 更改 HTML 标签原生的属性值，返回字符串
xEle.getAttribute(attrName)	获取标签属性值，包含原生属性和自定义属性，返回字符串

续表

方式	作用
xEle.setAttribute(attrName, value)	设置标签属性值，包含原生属性和自定义属性
xEle.hasAttribute(attrName)	判断标签是否包含指定属性，其返回值为 true 或 false
xEle.removeAttribute(attrName)	移除指定属性，没有返回值

DOM操作标签属性示例代码如下。

代码7-88　DOM操作标签属性示例

```
<div id="box"  mydate=" 这个是自定义属性 ">
    测试
</div>
<script>
    let  box = document.getElementById("box");
    console.info(  box.getAttribute("mydate") ); // 这个是自定义属性
    box.setAttribute("mydate","123");
    console.info( box.getAttribute("mydate") );  // 123
    box.removeAttribute("mydate");               // 删除 mydate
    if( box.hasAttribute("mydate")){
        console.info(" 包含 mydate 属性 ");
    }else{
        console.info(" 不包含 mydate 属性 ");
    }
</script>
```

7.7　案例实现：页面动态广告

页面广告（简称广告）是网站盈利的一种手段，一般通过JavaScript动态生成。但是广告会影响用户的浏览体验，因此广告通常有一个"关闭"按钮，让用户能自行关闭广告，如图7-9所示。

图7-9　页面动态广告

1. 请思考

（1）广告要能覆盖页面内容，并且其位置不能随着页面滚动而发生变化。广告要采用什么定位方式？

（2）广告里的内容要动态变化，可以通过设置参数来实现。这个参数应该如何在函数中设置？

（3）关闭广告的本质操作应该是什么？

2. 案例分析

动态广告要覆盖页面内容，因此需要让广告固定在浏览器中。

广告要动态生成，但是无论怎样生成广告，其整体框架都是不会变的，变化的只是广告的内容。因此，可以考虑把广告内容定义成函数的参数，以满足广告内容变化的需求。同时要注意，广告内容的结构可能比较复杂，因此可以考虑使用模板字符串来实现内容结构。

关闭广告就是让广告消失。因此，其本质操作应该是删除广告标签，而不是隐藏广告标签。

在动态生成广告之前，应该先写出广告的HTML静态结构和样式。

广告的HTML结构如下。

代码7-89　广告的HTML结构

```html
<!-- 广告 -->
<div class="adv">
    <!-- 关闭按钮 -->
    <a href="javascript:void(0)" class="advClose">关闭</a>
    <!-- 关闭按钮 end -->
    <!-- 广告内容 -->
    <div class="advContent">
        <a href="http://www.guanggao.com">
            <img src="images/advimg.jpg" alt="">
        </a>
    </div>
    <!-- 广告内容 end -->
</div>
<!-- 广告 end -->
```

其主要CSS代码如下。

代码7-90　广告的主要CSS代码

```css
*{
    margin: 0;
    padding: 0;
}
a{
    text-decoration: none;
}
ul,li,ol{
    list-style: none;
}
```

```
.adv{
    width: 400px;
    height: 273px;
    overflow: hidden;
    position: fixed;
    left:0;
    bottom:0;
    z-index: 999;
    border:1px #ccc solid;
}
.advClose{
    position: absolute;
    right: 0;
    top:0;
    background: #fff;
    color: #333;
    font-size: 12px;
    display: block;
    padding: 3px 10px;
}
```

完成静态广告编码后，可以在HTML代码中注释掉HTML静态代码，完成JavaScript编码。

其主要JavaScript代码如下。

代码7-91　广告的主要JavaScript代码

```
// 定义动态生成广告函数，参数 advContent 为广告内容
function showGuanggao(advContent){
    // 动态创建标签，并且设置 id 和 className
    let advDiv = document.createElement("adv");
    advDiv.id = "guanggaoDiv";
    advDiv.className = "adv";
    // 设置标签内容结构。利用模板字符串，方便代码换行和插入动态内容
    advDiv.innerHTML = `
        <!-- 关闭按钮 -->
        <a href="javascript:void(0)"
            onclick = "document.body.removeChild(this.parentNode)"
            class="advClose">关闭 </a>
        <!-- 关闭按钮 end -->
        <!-- 广告内容 -->
        <div class="advContent">
            ${advContent}
        </div>
        <!-- 广告内容 end -->
`;
// 把广告标签插入页面中
    document.body.appendChild(advDiv);
}
// 调用函数，生成广告
showGuanggao(`
```

```
    <a href="http://www.guanggao.com">
            <img src="images/advimg.jpg" alt="">
        </a>
`);
```

7.8　本章小结

　　本章主要介绍了Web交互界面开发中的JavaScript语言的基本概念、相关特性和基本语法，以及函数、事件、DOM基础等内容，并通过丰富的示例代码强化了部分知识点的应用，较为全面地展现了JavaScript基础知识和要点。

7.9　本章习题

1. 选择题

（1）以下代码的运行结果是（　　　）。

```
let  a = 88;
++a;
console.info(++a);
```

　　 A. 88　　　　　　　 B. 89　　　　　　 C. 90　　　　　　 D. 91

（2）有关JavaScript函数参数，下列说法正确的是（　　　）。

　　 A. arguments.length 可以获取形参的个数

　　 B. 函数的形参和实参个数必须一致

　　 C. 函数的参数需要在函数内部重新定义

　　 D. 箭头函数没有arguments对象，但是有rest对象

（3）下列JavaScript函数的写法中，正确的是（　　　）。

```
    A. Function myfun(a,b){
          console.info(a+b);
       }
```

```
    B. function myfun(a;b){
          console.info(a+b);
       }
```

```
    C. Let myfun =Function(a,b){
          console.info(a,b);
       }
```

```
    D. let myfun =Function(a,b){
          console.info(a,b);
       }
```

2. 简答题

（1）简述JavaScript的基本概念和相关特性。

（2）JavaScript定义函数的方式有几种？你更喜欢哪一种，为什么？

（3）规范命名变量有什么好处？在一个项目中如何做到规范命名？

（4）定义变量时，使用 let 和 var 的区别是什么？

（5）如何定义一个常量？常量定义后，它的值可以改变吗？

3. 操作题

（1）指定一个三位数，分别取出它的个、十、百位数。例如，输入"234"，分别得到2、3、4。

（2）用JavaScript在控制台中输出九九乘法表。

（3）用JavaScript在控制台中输出以下排列方式的字符。

```
*****
*****
*****
*****
*****
```

（4）用JavaScript在控制台中输出以下排列方式的字符。

```
*
***
*****
*******
*********
```

（5）定义一个函数，它有两个参数，用于求两个参数的和。如果其中任意一个参数值等价于布尔值false，则设定它的值为10，再将其与另一个参数相加。

例如，sumFun(12，20)的运算结果为32；sumFun(0，20)的运算结果为30。

（6）定义一个函数，对于给定的任何个数的参数都能求它们的和。

例如，sumFun( )的运算结果为 0；sumFun(10,20)的运算结果为 30；sumFun(10，20，30)的运算结果为60。

（7）编写JavaScript代码实现：一个div，默认颜色为蓝色；单击它，更改它的背景色为红色。

（8）编写JavaScript代码实现数量加减，即单击加或减按钮，实现文本框中的数据增加 1 或者减少 1。

（9）有如下HTML结构。

```html
<ul  id="list">
    <li> 内容 1</li>
    <li class="xbs"> 内容 2</li>
    <li> 内容 3</li>
    <li class="xbs"> 内容 4</li>
</ul>
```

基于以上HTML结构，实现以下效果。

① 单击每个<li>，分别输出各自的内容、各自的索引（索引从0开始）。例如，单击<li>内容1</li>，输出"内容1"和索引0。

② 给类名为 xbs 的标签添加事件，单击标签可更改它们的背景色。

③ 当鼠标指针移动到一个<li>标签上时，给它添加一个类 on，它的兄弟标签则去掉类 on。

（10）在页面上动态生成一个悬浮框，里面有一个"关闭"按钮。单击"关闭"按钮能关闭该悬浮框。

（11）编写一个JavaScript函数，它能寻找指定标签的所有兄弟标签。

第 8 章

Web 交互界面开发

JavaScript在Web交互界面的开发中举足轻重。学习JavaScript的基础知识后，读者需要重点掌握JavaScript在交互界面开发中的应用。本章将结合一些常见Web交互案例，给读者展示JavaScript在Web交互界面开发中的基础应用。

8.1　简易计算器开发

页面计算器是Web中常见的交互应用之一，如购物车中商品数量的增加、购物总金额的计算等。本节会用到DOM标签的查找、基本的数据类型转换以及事件。

本节要点

（1）能根据HTML代码，利用DOM查找自己需要的标签。
（2）能获取页面中的数据，并能实现数据类型转换。
（3）理解并运用事件，能利用事件解决相关问题。

事件

8.1.1　事件

事件（Event）是JavaScript中很常用的一种代码触发机制。事件这个词来源于新闻界。在生活中，每一个新闻事件发生都可能会引起人们的广泛关注。在JavaScript中我们可以理解为：每一次JavaScript事件的发生都可以触发代码的运行。只是一部分事件是人为触发的，如单击、按住鼠标左/右键、移动鼠标指针等相关事件。而另一部分事件是页面产生的，如页面的图像加载事件、AJAX中的状态改变事件等。

页面中的很多特效都与事件有关，了解并掌握事件是学习JavaScript的必经之路。

为了更好地说明事件的基本使用方式，以单击事件为例。单击Click（事件）是指用户单击标签后执行的事件。

（1）on + eventType绑定事件

可以直接在HTML标签上通过设置on + eventType绑定事件处理程序，代码如下。

代码8-1　on + eventType绑定事件示例1

```
<div  onclick="this.innerHTML=' 单击更改了内容 ';">
```

```
    单击我
</div>
```

onclick后面的引号（""）里的内容就是事件发生后要执行的JavaScript代码。this关键字代表当前标签，也就是事件所在的标签。

这样写事件，代码直观明了。但是JavaScript代码较多的时候，不利于维护。我们编写函数的调用代码，把 this作为参数，表示当前标签。代码如下。

代码8-2　on + eventType绑定事件示例2

```
<div  onclick="changeHTML( this )">
    单击我
</div>
<script>
    function changeHTML(obj){
        obj.innerHTML = " 单击更改了内容 ";
    }
</script>
```

也可以先通过DOM找到标签，再添加on + eventType绑定事件，代码如下。

代码8-3　on + eventType绑定事件示例3

```
<div id="box"> 内容 </div>
<div id="mydiv">
    单击我
</div>
<script>
let mydiv = document.getElementById('mydiv');     // 找到 id 为 mydiv 的标签
mydiv.onclick = function(){
    this.innerHTML=' 单击更改了内容 ';
};
mydiv.onclick = function(){
    alert(' 你单击了我。') ;
};
// 实际只弹出 "你单击了我。"，函数发生了覆盖
</script>
```

这种方法有一个缺点，后绑定的函数会覆盖之前绑定的函数。

要取消事件的绑定，可以让on click的值为null，代码如下。

代码8-4　on + eventType取消绑定事件示例

```
<div id="mydiv">
    单击我
</div>
<script>
let mydiv = document.getElementById('mydiv');     // 找到 id 为 mydiv 的标签
mydiv.onclick = function(){
    this.innerHTML=' 单击更改了内容 ';
};
mydiv.onclick = null ; // 取消事件的绑定，单击标签不会发生任何改变
</script>
```

（2）事件监听绑定事件

在ES5及ES6标准中，推荐使用事件监听来绑定事件。事件监听定义了两个方法：addEventListener()和removeEventListener()，分别用于进行指定和取消事件绑定的操作。

这两个方法的语法结构如下。

```
el.addEventListener( 事件名称 , 事件处理函数   [, 布尔值 ] );
el.removeEventListener( 事件名称 , 事件处理函数名 );
```

所有的HTML标签都包含这两个方法，并且接收以下3个参数。

① 事件名称：如 click、mouseover、mousedown等，全部都是小写字母。

② 事件处理函数：可以是已定义的函数名，也可以是匿名函数。需要注意的是，如果 addEventListener()的事件处理函数是匿名函数，则没法取消事件的绑定。

③ 布尔值：可选的，默认值为false。true表示在捕获阶段调用事件处理函数；false表示在冒泡阶段调用事件处理函数，代码如下。

代码8-5 事件监听示例

```
<div id="mydiv">
    单击我
</div>
<script>
    let mydiv = document.getElementById("mydiv");
    // 给 mydiv 添加事件
    // 1. 定义事件处理函数
    let myFun = function(){
        console.info( this.innerHTML );
    };
    // 2. 添加事件监听
    mydiv.addEventListener("click", myFun );
</script>
```

通过 addEventListener()添加的事件处理函数只能使用removeEventListener()来移除。

移除事件处理函数时传入的参数与添加事件处理函数时使用的参数相同，这意味着通过addEventListener()添加的匿名函数将无法移除，代码如下。

代码8-6 移除事件监听示例

```
<div id="mydiv">
    单击我
</div>
<button id="btn">移除标签事件监听</button>
<script>
    let mydiv = document.getElementById("mydiv");
    let btn = document.getElementById("btn");
    // 给 mydiv 添加事件监听
    mydiv.addEventListener("click", function(){
        console.info( this.innerHTML );
    } );
    // 通过按钮，移除 mydiv 的单击事件监听。这里会移除失败
```

```
btn.addEventListener("click",function(){
    mydiv.removeEventListener("click",function(){
        console.info( this.innerHTML );
    });
});
</script>
```

可以重复添加事件监听，并且它们不会相互覆盖，代码如下。

代码8-7　重复添加事件监听示例

```
<div id="mydiv">
    单击我
</div>
<script>
    let mydiv = document.getElementById("mydiv");
    let myFun1 = function(){
        console.info( this.innerHTML );
    };
    let myFun2 = function(){
        console.info( 2 );
    };
    mydiv.addEventListener("click", myFun1 );
    mydiv.addEventListener("click", myFun2 );
    // 单击 mydiv 后，两个事件监听的内容都会输出
</script>
```

　　JavaScript中常用的事件还有很多，因为篇幅有限，本书不一一列举，仅以表格的形式把它们罗列出来，希望读者自行了解学习，如表8-1所示。

表8-1　　　　　　　　　　　　　JavaScript其他常用事件

事件	事件触发条件
abort	图像加载被中断
dblclick	双击某个对象
error	当加载文档或图像时发生某个错误
keydown	按键盘的某个键
keypress	按住键盘的某个键
keyup	松开键盘的某个键
load	某个页面或图像加载完成
mouseenter	鼠标指针移至某个标签上
mouseleave	鼠标指针离开某个标签
mousedown	按某个鼠标按键
mousemove	鼠标被移动
mouseup	松开某个鼠标按键
reset	重置按钮被单击
resize	窗口或框架被调整尺寸

<div align="right">续表</div>

事件	事件触发条件
select	文本被选定
submit	提交按钮被单击
unload	用户退出页面

8.1.2　案例实现：简易计算器

当用户单击加或减按钮时，文本框内的数字会加1或者减1，同时总价会根据数量的变化而变化。

简易计算器效果如图8-1所示。

1.　请思考

（1）简易计算器的HTML结构应该是怎样的？

（2）简易计算器的加按钮和减按钮应该是提交按钮，还是普通按钮？

（3）要用CSS美化简易计算器的界面，可以从哪些角度入手？

（4）单击加或减按钮后，如何实现数据的变化？

2.　案例分析

先创建HTML文件和js文件夹，在js文件夹中创建名为jisuanqi的JavaScript文件。简易计算器文件结构如图8-2所示。

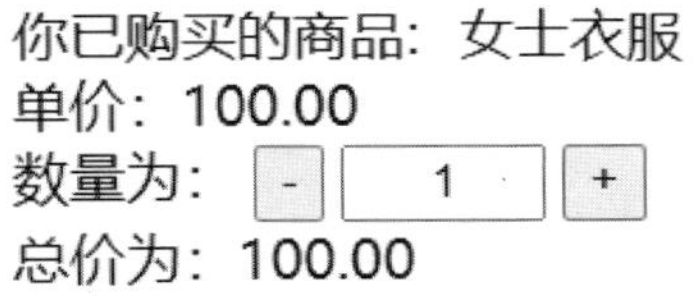

你已购买的商品：女士衣服
单价：100.00
数量为： [-] [1] [+]
总价为：100.00

▼ 📁 js
    📄 jisuanqi.js
📄 简易计算器.html

图8-1　简易计算器效果 　　　　　　图8-2　简易计算器文件结构

在HTML代码中，为了方便获取商品单价和展示总价，单价和总价数据分别放入<span>标签中，让数据独立出来，便于通过id获取数据。

简易计算器HTML代码如下所示。

<div align="center">代码8-8　简易计算器HTML代码</div>

```
<!doctype html>
<html>
<head>
<meta charset="utf-8">
<title>无标题文档</title>
<style>
    .inputs{
        width:50px;
        text-align: center;
        }
```

```
</style>
</head>
<body>
<div>
你已购买的商品: 女士衣服
</div>
<div>
 单价: <span id="jiage">100.00</span>
</div>
<div>
数量为:
<input type="button" value="-"  id="btnJian">
<input type="text" value="1"    id="numInput" class="inputs">
<input type="button" value="+"  id="btnJia">
</div>
<div>
 总价为: <span id="total">100.00</span>
</div>
<script src="js/jisuanqi.js"></script>
</body>
</html>
```

单击加或减按钮后，文本框中的商品数量会加1或者减1，同时总价也会变化。总价计算方法为：单价×数量。

特别要注意的是，JavaScript从页面获取的任何数据都是字符串，因此为了数据的安全，把数据转换为数值后，再进行运算。简易计算器的JavaScript代码如下所示。

代码8-9　简易计算器的JavaScript代码

```
// 获取标签
let   btnJia = document.getElementById("btnJia");
let   numInput = document.getElementById("numInput");
let   btnJian = document.getElementById("btnJian");
let   total = document.getElementById("total");
let   jiage = document.getElementById("jiage");
// 采用两种方法添加事件
// 利用监听添加事件
btnJia.addEventListener("click",function(){
    let  num = numInput.value ;     // 获取文本框的值
      num = parseInt(num) +1 ;      // 把文本框的值转换为数值后，再加 1
    numInput.value = num ;          // 把新的值放入文本框中
    // 更改总价
    total.innerHTML = num*parseFloat(jiage.innerHTML);
});
// 利用 on+EventType 添加事件
btnJian.onclick = function(){
    let num = numInput.value ;
      num = parseInt( num ) - 1;
      num<=0? num=1 : num ;
    numInput.value = num ;
    total.innerHTML = num*parseFloat(jiage.innerHTML);
}
```

8.2　二级导航开发

二级导航又称为二级菜单，是Web中常见的交互特效之一。其主要的交互效果为：当用户把鼠标指针移动到一级导航项上时，二级导航就会出现；当鼠标指针离开一级导航后，二级导航又会隐藏。

二级导航可以让导航分类更细，且能提升用户的交互体验，深受各大网站欢迎。

本节要点

（1）能根据项目需要编写二级导航的HTML和CSS代码。

（2）能通过JavaScript中修改样式的方法和事件，实现二级导航隐藏与显示效果。

（3）能理解JavaScript中修改样式的方法，对方法的运用能做到举一反三。

8.2.1　JavaScript修改样式

页面中的很多特效都是利用JavaScript更改标签的样式实现的。二级导航其实就是利用JavaScript修改二级导航标签的隐藏样式和显示样式。

1. 直接修改样式

利用标签的style属性，JavaScript可以直接更改标签样式，代码如下。

代码8-10　利用标签的style属性更改样式示例

```
<div id="box">
    这个是测试
</div>
<script>
    let box = document.getElementById("box");
    box.style.background = "#ff0";    // 更改标签的背景色
    box.style.fontSize = "20px";      // 更改标签的文字大小
</script>
```

如果CSS属性有"-"号，就将其写成驼峰的形式（如 fontSize）。使用这种方式一次只能更改一个属性。JavaScript中的所有style属性值都是字符串。

也可以设置标签的cssText属性，通过它可以同时设置多种样式，代码如下。

代码8-11　利用标签的cssText属性更改样式示例

```
<div id="box">
    这个是测试
</div>
<script>
    let box = document.getElementById("box");
    box.style.cssText = "background:#ff0;font-size:20px;";
</script>
```

2. 通过类名更改样式

通过类名更改样式的本质是更改标签的class属性。但是，"class"是JavaScript的保留字，因此，JavaScript使用"className"取代class属性。

使用className属性修改样式，先要在样式中写好对应类名的样式，代码如下。

代码8-12   利用标签 className属性更改样式示例

```
<style>
    .myclass{
        background: #ff0;
        font-size: 20px;
    }
</style>
<div id="box">
    这个是测试
</div>
<script>
    let box = document.getElementById("box");
    box.className = "myclass";
</script>
```

3. 通过 classList 属性更改样式

classList属性就是JavaScript用来操作class类名的属性。相比className，classList更加具有灵活性。

与className属性一样，使用classList属性修改样式，要先在样式中写好对应类名的样式。classList属性的常用方法和属性如表8-2所示。

表8-2   classList属性的常用方法和属性

方法 / 属性	说明
length	返回标签类的数量，该数值只读，不可更改
add(c1, c2, ...)	在元素中添加一个或多个类名，如果指定的类名已存在，则不会添加
contains(class)	返回布尔值，判断指定的类名是否存在。 true：元素包含指定类名。 false：元素中不存在指定类名
item(index)	返回元素中索引对应的类名，索引从 0 开始，如果索引在指定范围外，则返回 null
remove(c1, c2, ...)	移除元素中的一个或多个类名。 注意：移除不存在的类名不会报错
toggle(class, true|false)	在元素中切换类名。若类名存在，则移除它，并返回 false。若类名不存在，则在元素中添加类名，并返回 true。 第二个参数是可选的，是个布尔值，用于设置元素是否强制添加或移除类，不管指定类名是否存在。 例如： 移除一个 class：xEle.classList.toggle("classToRemove", false); 添加一个 class：xEle.classList.toggle("classToAdd", true);

在项目中，如果需要修改的标签样式过于复杂，则推荐使用 classList 属性。

代码8-13　利用标签的classList属性更改样式示例

```
<div class="c1 c2 c3" id="mydiv">
    这个是 demo
</div>
<script>
    let mydiv = document.getElementById("mydiv");
    console.info( mydiv.classList.length );  // 3

    mydiv.classList.add( "c4","c3" );  // c3 已经存在，不会重复添加
    console.info( mydiv.classList.length );  // 4
</script>
```

8.2.2　案例实现：二级导航

二级导航效果如图8-3和图8-4所示。

图8-3　二级导航隐藏效果

图8-4　二级导航显示效果

1. 请思考

（1）二级导航的HTML结构应该是怎样的？

（2）如何利用JavaScript控制二级导航的显示和隐藏？

（3）触发二级导航的显示和隐藏应该采用什么JavaScript事件？

2. 案例分析

二级导航是在一级导航基础上拓展而来的。所以，先要完成一级导航的HTML和CSS代码。

一级导航的HTML和CSS代码如下。

代码8-14　一级导航的HTML和CSS代码

```
<style>
/* CSS Document */
*{
```

```
    margin:0;
    padding:0;
}
ul,li,ol{
    list-style:none;
}
a{
    text-decoration:none;
}
body{
    font-size:14px;
    font-family:Arial," 微软雅黑 ";
}
.nav{
    margin-top: 50px;
    width:800px;
    height:80px;
    margin-left:auto;    /* 板块水平居中 */
    margin-right:auto;
    background: #eee;
}
.nav_ul>li{
    float:left;
    width:125px;
    height:80px;
    text-align:center;    /* 内容水平居中 */
    line-height:80px;
    /* 单行文字，水平居中: line-height 与 height 一致 */
    color:#333;
}
.nav_ul>li>a{
    color:#333;
    width:125px;
    height:80px;
    display:block;
    /* 把超链接标签转为 block 元素，让超链接的宽、高设置有效 */
    transition:all 0.2s;
}
.nav_ul>li>a:hover{
    color:#fff;
    background:#005eaf;
}
</style>
<!-- 导航 -->
<div class="nav">
    <!-- 主导航 -->
    <ul class="nav_ul"  id="navUl">
    <li>
        <a href="#"> 网站首页 </a>
        </li>
```

```
        <li>
        <a href="#">公司介绍</a>
        </li>
        <li>
            <a href="#">产品展示</a>
        </li>
        <li>
        <a href="#">人才招聘</a>
        </li>
        <li>
        <a href="#">联系我们</a>
        </li>
        <li>
        <a href="#">社会责任</a>
        </li>
    </ul>
    <!-- 主导航 end-->
</div>
<!-- 导航 end-->
```

二级导航和一级导航一样，也采用<ul>标签制作。但是，二级导航要放到对应的一级导航的<li>标签中。

给部分一级导航项添加二级导航，代码如下所示。

代码8-15 二级导航的HTML代码

```
<li>
    <a href="#">公司介绍</a>
    <!-- 二级导航 -->
    <ul class="subNav">
        <li><a href="#">公司历史</a></li>
        <li><a href="#">领导寄语</a></li>
        <li><a href="#">员工风采</a></li>
    </ul>
    <!-- 二级导航 end-->
</li>
<li>
    <a href="#">产品展示</a>
    <!-- 二级导航 -->
    <ul class="subNav">
        <li><a href="#">产品一</a></li>
        <li><a href="#">产品二</a></li>
        <li><a href="#">产品三</a></li>
        <li><a href="#">产品四</a></li>
    </ul>
    <!-- 二级导航 end-->
</li>
...其余代码略...
```

二级导航隐藏，不能对其他部分的标签造成"挤压"，因此二级导航必须采用绝对定位，对应的一级导航项必须采用相对定位。二级导航的关键CSS代码如下。

代码8-16　二级导航的关键CSS代码

```css
.nav_ul>li{
    position:relative;    /* 一级导航项，也就是一级导航 <li> 标签使用相对定位 */
}
.subNav{
    width:125px;
    /* 不指定 height，则内容高度不定 */
    line-height:60px;
    background:#005eaf;
    color:#fff;
    transition:all 1s;
    position:absolute;          /* 绝对定位 */
    left:0;
    top:80px;              /* 将二级导航位置定好，使其与一级导航之间不要有缝隙 */
    display:none;          /* 隐藏标签 */
}
.subNav a{
    color:#fff;
    width:125px;
    height:60px;
    display:block;
    transition:all 0.2s;
}
.subNav a:hover{
    background:#006;
}
.nav_ul>li:hover > a{
    color:#fff;
    background:#005eaf;
}
```

二级导航是很重要的交互特效。当用户把鼠标指针移动到一级导航项上时，二级导航就会出现；当鼠标指针离开一级导航项时，二级导航又会隐藏。这种交互效果往往要借助JavaScript的mouseenter事件和mouseleave事件来实现。

但是，有哪些一级导航项浏览器并不知道。因此，需要遍历每个一级导航项，也就是一级导航的<li>标签。

并不是每个一级导航项都有二级导航，因此，mouseenter和mouseleave事件发生时，先要判断是否存在二级导航。如果不存在二级导航，就要终止事件函数的运行，否则浏览器控制台会报错。

新建一个erji.js文件，把它引入页面中，二级导航的JavaScript代码如下。

代码8-17　二级导航的JavaScript代码示例

```javascript
// JavaScript Document
let  navUl = document.getElementById("navUl");
let  li = navUl.children;
for(let i=0 ; i<=li.length-1 ; i++){// 利用 for 循环遍历一级导航 <li> 标签
    li[i].addEventListener("mouseenter",function(){
        console.info(this);
```

```
    if(!this.children[1]){          // 判断二级导航是否存在，如果不存在
        return false;               // 终止函数运行
    }
    this.children[1].style.display="block";
});
li[i].addEventListener("mouseleave",function(){
    if(!this.children[1]){
        return false;
    }
    this.children[1].style.display="none";
})
}
```

8.3 时间走动效果制作

时间走动效果是Web中常见的交互特效之一，可以在页面上显示当前时间，也可以实现倒计时等。

本节要点

（1）理解时间对象的创建方法，掌握获取时间并显示时间的方法。

（2）能掌握数组的基本使用方法，能利用数据展示星期数据。

（3）能利用计时器让时间走动。

8.3.1 时间类

时间类

时间对象（Date）是JavaScript原生的时间库。它以世界协调时（Universal Time Coordinated，UTC）1970年1月1日00时00分00秒作为时间零点，表示其前后各1亿天（精确到毫秒）的时间。在很多网站中都会看到基于它的特效，比如显示当前时间、倒计时、日历等。每个时间类的对象都存储了对应的年、月、日、时、分、秒、星期等信息。

1. 创建 Date 对象

在页面中要使用时间，就需要创建Date对象。利用new Date()，可以创建一个Date对象。

（1）创建当前时间

通过new Date()可得到代码执行的时间，它是一个"静态"的时间数据，代码如下。

代码8-18　创建当前时间代码示例

```
let mydate = new Date();        // 创建时间对象，以得到当前时间
console.info( mydate );
// 得到时间输出，等同于 mydate.toString();
// Sun Dec 05 2021 00:19:45 GMT+0800 （中国标准时间）
// 浏览器默认会获取本地标准时间
```

变量mydate存储了Date类的对象，它包含当前的多个时间数据，如年、月、日、时、分、秒，以及星期等。

（2）创建指定时间

为new Date()添加多个整数作为参数，参数分别代表年、月、日、时、分、秒、毫秒，可以创建一个指定的时间，代码如下。

代码8-19　创建指定时间代码示例

```
let mydate1 = new Date( 2022,11,19,8,19,38); // 月份参数的取值范围为 0 ~ 11
// 2022 年 12 月 19 日，8 时 19 分 38 秒 0 毫秒

//　日期参数被省略，则为 1；时、分、秒被省略，则默认为 0
let mydate2 = new Date( 2022,11,19);
// Sun Dec 19 2022 00:00:00 GMT+0800 （中国标准时间）
```

其中，月份参数的取值范围是0~11，0表示1月，以此类推。因为在生活中，月份有时会用中文、英文等非数值的方式表述，如"五月""February"等，这么设定数值是为了方便用数组表示月份。

如果月、时、分、秒、毫秒等参数超出了其取值范围，则JavaScript会自动调整为取值范围内的时间点，代码如下。

代码8-20　JavaScript修正时间代码示例

```
let mydate1 = new Date( 2022, 3, 34 );
// 表面上，日期是 2022 年 4 月 34 日（月份从 0 开始）
// 实际上日期会被系统调整为：2022 年 5 月 4 日
// Mon May 04 2022 00:00:00 GMT+0800 （中国标准时间）

let mydate2 = new Date( 2022, 3, 0 );
// 表面上，日期是 2022 年 4 月 0 日。但是，4 月是没有 0 日的，只有 1 日
// 所以，4 月 0 日是 4 月 1 日的前一天，即 3 月 31 日
// Tue Mar 31 2022 00:00:00 GMT+0800 （中国标准时间）
```

2. 获取时间

Date对象提供了get类方法，用来获取时间，常用的get类方法如表8-3所示。

表8-3　　　　　　　　　　　　Date对象常用get类方法

方法	描述
getFullYear()	获取年份，从 Date 对象以 4 位数字返回年份
getMonth()	获取月份，从 Date 对象返回月份（0 ~ 11）。0 代表 1 月
getDate()	获取日期，从 Date 对象返回一个月中的某一天（1 ~ 31）
getDay()	获取星期，从 Date 对象返回一周中的某一天（0 ~ 6）。0 代表星期天
getHours()	返回 Date 对象的小时（0 ~ 23）
getMinutes()	返回 Date 对象的分钟（0 ~ 59）
getSeconds()	返回 Date 对象的秒数（0 ~ 59）
getMilliseconds()	返回 Date 对象的毫秒数（0 ~ 999）

续表

方法	描述
getTime()	返回时间零点（即 1970 年 1 月 1 日）至指定时间的毫秒数

通过这些方法可以在页面中显示指定的时间，代码如下。

代码8-21　显示指定时间示例代码

```
<span  id="timeshow">0000 年 00 月 00 日星期 0  00:00:00</span>
<script>
    let mytime = new Date();
    let myyear = mytime.getFullYear();  // 获取年份，如 2015
    let mymonth = mytime.getMonth()+1;
    // 获取月份，数值范围为 0 ~ 11，所以现实中的月份要在其基础上加 1
    let mydate = mytime.getDate();  // 获取日期
    let myday = mytime.getDay();     // 获取星期，数值范围为 0 ~ 6。0 表示周日
    let myhour = mytime.getHours(); // 获取小时数，数值范围为 0 ~ 23
    let myminute = mytime.getMinutes();   // 获取分钟数，数值范围为 0 ~ 59
    let mysecond = mytime.getSeconds();   // 获取秒钟数，数值范围为 0 ~ 59
    let res = myyear+" 年 "+mymonth+" 月 "+mydate
        +" 日星期 "+myday+" "
        +myhour+":"+myminute+":"+mysecond;
    document.getElementById("timeshow").innerHTML = res;
</script>
```

运行以上代码，可以看到页面上显示的时间正好是代码执行的时间。

8.3.2　数组类

以上显示的时间中的星期几是阿拉伯数字，如果要显示我们习惯的汉字或者西方人习惯的英文，则可以考虑使用数组。

数组类

与其他语言一样，JavaScript中的数组（Array）可以用来存储多个数据。因为JavaScript是弱类型语言，因此不强迫每个数组元素的数据类型一样。

在JavaScript中创建数组可以使用new关键字，也可以直接使用中括号[]。

JavaScript创建数组示例代码如下。

代码8-22　创建数组示例

```
// 创建数组方式一
let arr1 = new Array();                   // 创建一个空数组
let arr2 = new Array(1, 2, "哈哈",true ); // 有 4 个元素的数组
// 创建数组方式二
let arr3 = [ ]; // 创建一个空数组
let arr4 = [1, 2, "哈哈", true ];           // 有 4 个元素的数组

// 也可以先声明空数组，再添加元素
let arr5 = [ ];
arr5[0] = 1;
arr5[1] = 2;
```

```
arr5[2] = " 哈哈 ";
arr5[3] = true;

// 最后一个元素后面的逗号可省略
let  arr6 = [1,2,] ;
// 等同于:  let  arr6 = [1,2] ;
```

1. 数组 length 属性

数组的元素个数是不定的，但是可以通过length属性知道某数组有多少个元素。

JavaScript数组的length属性值是可读可写的，更改length的值，也就意味着该长度之后的元素被直接删除，只保留length范围内的元素值。如果更改的length值超过了原数组的长度，那么空余的位置会被undefined占用，代码如下。

代码8-23　数组length属性示例

```
let arr = [1, 2, " 哈哈 ", true];
console.info( arr.length );    // 4

arr.length = 2 ;
console.info(arr.length );     // 2
console.info(arr);             // [1, 2]

// 如果更改的 length 值超过了原数组的长度
// 那么空余的位置会被 undefined 占用。
arr.length = 4 ;
console.info( arr.length );    // 4
console.info( arr );                   // [1, 2, undefined , undefined]

// 可以利用 length 属性，在数组的末尾添加元素
let arr2 = [1, 2, " 哈哈 ", true];
arr2[ arr.length ] = 100 ;   // 在数组末尾添加元素
console.info( arr2 );              // [1, 2, " 哈哈 ", true,100]
```

2. 数组索引

与其他程序语言一样，数组的每个元素都有一个索引。数组索引从0开始，直到length-1为止，如图8-5所示。

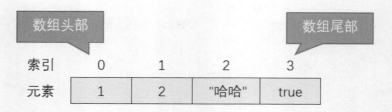

图8-5　数组索引示例

使用"数组名[索引]"可以获取对应的元素值，也可以更改元素值。代码如下所示。

代码8-24　数组索引示例

```
let arr = [1, 2, " 哈哈 ", true];
```

```
console.info( arr[3]);   // true
arr[3] = 200 ;
console.info( arr );   // [1, 2, "哈哈", 200]

// 如果在通过索引赋值时，索引超过了数值的长度，则同样会引起数组 length 属性值的变化
let arr2 = [1, 2, "哈哈", true];
arr2[6] = 200 ;
console.info( arr2 );   // [1,2,"哈哈",true,undefined,undefined,200]
console.info( arr2.length );   // 7
```

3. 数组遍历

可以基于索引，利用 for、while或者do-while循环语句对数组元素进行遍历，代码如下。

代码8-25　数组遍历示例

```
// for 循环语句遍历示例
let arr = [1, 2, "哈哈", true];
for( let i = 0 ; i <= arr.length-1 ; i++){
    console.info(i, arr[i]);   // 输出索引和对应元素
}

// while 循环语句遍历示例
let i = 0 ;
while( i <= arr.length-1 ){
    console.info(i, arr[i]);   // 输出索引和对应元素
    i++;
}

// do-while 循环语句遍历示例
let j = 0 ;
do{
    console.info(j, arr[j]);   // 输出索引和对应元素
    j++;
}while( j <= arr.length-1 )
```

ES6 新增了数组遍历语句 for-of，其默认循环变量代表数组元素，代码如下。

代码8-26　for-of语句遍历数组示例

```
let arr = [1, 2, "哈哈", true];
for(let item of arr ){
    console.info( item );   // 输出元素
}
```

相比于传统的for循环语句，for-of 循环语句的控制条件更简单，不需要复杂的条件。

4. 数组基本方法

（1）增删数组元素

数组通过unshift( )方法给头部添加元素，通过push( )方法给尾部添加元素。它们可以同时添加多个元素，多个元素在 ( ) 中用逗号分隔。

代码8-27　数组头尾添加元素示例

```
// 在数组头部添加元素
let arr = [1, 2, "哈哈", true];
arr.unshift( "hello", 100 );
console.info( arr );   // ["hello", 100, 1, 2, "哈哈", true]
// 在数组尾部添加元素
let arr2 = [1, 2, "哈哈", true];
arr2.push( "hello", 100 );
console.info( arr2 );   // [1, 2, "哈哈", true, "hello", 100 ]
```

　　数组通过shift ( )方法在头部删除一个元素，通过pop( )方法在尾部删除一个元素。它们不仅可从数组中删除元素，还可返回删除的数据。代码如下。

代码8-28　数组头尾删除元素示例

```
// 在数组头部删除元素
let arr = [1, 2, "哈哈", true];
let del = arr.shift();
console.info( del );   // 1
console.info( arr );   // [2, "哈哈", true]
// 在数组尾部删除元素
let arr2 = [1, 2, "哈哈", true];
let del = arr2.pop();
console.info( del );   // true
console.info( arr2 );   // [1, 2, "哈哈"]
```

　　数组通过splice( )方法在任意位置添加/删除元素。如果进行删除操作，则会返回删除的数组元素。其语法结构如下。

```
arr.splice( deleteIndex, n , e1,e2,e3... )
```

　　deleteIndex：表示要删除元素的起始索引。

　　n：表示要连续删除 n 个元素，若为0，就不删除元素，只是做添加元素的操作。

　　e1,e2,e3...：表示要添加的元素，如果省略，就只删除元素。代码如下。

代码8-29　数组splice()方法示例

```
// 在数组任意位置添加元素
let arr = [1, 2, "哈哈", true];
arr.splice( 3,0, "hello", 100 );
console.info( arr );   // [1, 2, "哈哈", "hello", 100, true]

// 删除元素示例
let arr1 = [1, 2, "哈哈", true];
let arr2 = arr1.splice(1);
console.info( arr1); // [1]
console.info( arr2); // [2, "哈哈", true]
```

（2）数组与字符串相互转换

　　数组可以通过join(separator)方法转换为字符串，只需要一个连接符参数。通过连接符，数组各个元素连接起来形成一个新的字符串。

　　字符串可以通过split(separator)方法转换为数组，只需要一个分隔符参数。字符串通过分隔符，分成一个数组的各个元素。

join()和split()都不会改变原来的数组或字符串，代码如下。

代码8-30　数组与字符串相互转换示例代码1

```
let  myarr = [0,1,2,3,4,5];
let  mystr = myarr.join("-");
alert(mystr);    // 得到字符串 "0-1-2-3-4-5"
alert(myarr);    // 输出原数组元素，不曾改变
let  myarr2 = mystr.split("-");
alert(myarr2);   // 得到数组元素，即 0、1、2、3、4、5
alert(mystr);    // 输出原字符串，不曾改变
```

如果分隔符是空字符串（""），则可以把字符串以单个字符为元素分解为数组。

如果分隔符是换行符（"\n"），则可以把字符串以每行为元素分解为数组。代码如下。

代码8-31　数组与字符串相互转换示例代码2

```
// 把字符串的每个字符单独分解为数组元素
let str = "hello";
let arr = str.split('');
// ["h", "e", "l", "l", "o"]

// 把字符串按行分解为数组元素
let  str2 = `这个是模板字符串
这个字符串被分成几行
这是第三行 `;
let arr2 = str2.split("\n");
console.info( arr2 );
// [" 这个是模板字符串 "," 这个字符串被分成几行 "," 这是第三行 "]
```

数组的方法有很多，数组其他常用方法如表8-4所示，希望读者自行了解学习。

表8-4　　　　　　　　　　　　　数组其他常用方法

方法	描述
reverse()	颠倒数组中元素的顺序
slice()	从某个已有的数组返回选定的元素
toSource()	返回对象的源代码
toString()	把数组转换为字符串，并返回结果
toLocaleString()	把数组转换为本地数组，并返回结果
valueOf()	返回数组对象的原始值

8.3.3　计时器

Date 对象获取的时间都是静态的，只是代码运行的时间或者指定的某一个静态时间。要让时间走动起来，需要用到计时器。

JavaScript的计时器主要有两个。

计时器

1. setInterval(code,timer)

让代码每隔一段时间（毫秒）重复执行一次代码。

2. setTimeout(code,timer)

让代码推迟一段时间（ms）执行，其本身不会反复执行。

它们都接收两个参数。

（1）code表示将要反复或推迟执行的代码，它可以是函数名或者一段代码（代码字符串、函数表达式）。

（2）timer表示反复执行或推迟执行代码的间隔时间（ms）。

在实际使用时，往往把计时器放入一个变量中，便于使用clearInterval() 或者cleartTimeout() 方法清除计时器，让计时器不再发挥作用，代码如下。

代码8-32　setInterval示例

```javascript
// 每隔 1000 ms 就让 i 加 1，并输出 i 的值
// 当 i 的值大于等于 10 时，停止运行计时器
// 书写方式一：
let i = 1;
let timer = setInterval(function() {
    i++;
    console.info(i);
    if( i>=10 ){      //  计时器终止条件判断
        clearInterval(timer);
    }
}, 1000);

// 书写方式二：
let i = 0 ;
function goFun(){
    i++;
    console.info(i);
    if( i>=10 ){      //  计时器终止条件判断
        clearInterval(timer);
    }
};
let timer = setInterval( goFun, 1000);
// 引用 goFun() 函数代码不是立即执行，所以不需要在 "goFun" 后加 "()"
```

以下是计时器setTimeout()的例子，它并不会反复执行代码，只会推迟执行代码，代码如下。

代码8-33　setTimeout示例

```javascript
// 会推迟 1000ms，也就是 1s 执行函数 goFun()
// 注意，函数 goFun() 并不会反复执行
// 书写方式一：
let i = 0 ;
let timer = setTimeout(function (){
    i++;
    console.info(i);
}, 1000);
```

```
// 书写方式二:
let i = 0 ;
function goFun(){
    i++;
    console.info(i);
};
let timer = setTimeout( goFun, 1000);
```

如果在setTimeout()中递归调用setTimeout(),就可以反复执行代码,其功能类似于setInterval(),代码如下。

代码8-34　利用setTimeout()实现反复执行代码示例

```
// 利用 setTimeout() 实现反复执行代码
let i = 0 ;
function goFun(){
    i++;
    console.info(i);
    timer = setTimeout( goFun, 1000);    // 递归调用 setTimeout()
    if( i>=10 ){      // 计时器终止条件判断
        clearTimeout(timer);
    }
};
let timer = setTimeout( goFun, 1000);
```

8.3.4　案例实现:时间变化

在页面上显示当前时间的形式有很多种,可以是文本形式,也可以是图片形式。

1. 请思考

(1)怎么获取当前时间?
(2)如果用图片显示当前时间,则怎么处理图片?
(3)要实现倒计时该怎么操作?

2. 案例分析

要实现时间变化效果,要先在页面上利用对应标签设置时间显示的方式。

在JavaScript中首先定义星期数据的数组,再利用计时器函数获取并显示时间。每次计时器代码运行时,都会重新获取并显示时间,每次获取并显示的时间是不一样的。在用户看来,这个时间数据就是动态的,代码如下。

代码8-35　时间变化示例

```
<span  id="timeshow">0000 年 00 月 00 日星期 0 00:00:00</span>
<script>
    // 定义星期数组
    let  day_arr = ["日","一","二","三","四","五","六"];
    // 定义时间走动函数
    function timeGo(){
```

```
        let mytime = new Date();
        let myyear = mytime.getFullYear(); // 获取年份，如 2015
        let mymonth = mytime.getMonth()+1;
        // 获取月份，数值范围为 0 ~ 11，所以现实中的月份要在其基础上加 1
        let mydate = mytime.getDate();        // 获取日期
        let myday = mytime.getDay(); // 获取星期，数值范围为 0 ~ 6。0 表示周日
        let myhour = mytime.getHours();       // 获取小时数，数值范围为 0 ~ 23
        let myminute = mytime.getMinutes();// 获取分钟数，数值范围为 0 ~ 59
        let mysecond = mytime.getSeconds();// 获取秒钟数，数值范围为 0 ~ 59
        let res = myyear+"年"+mymonth+"月"+mydate
            +"日星期"+myday+" "
            +myhour+":"+myminute+":"+mysecond;
        document.getElementById("timeshow").innerHTML = res;
    }
    // 启动计时器
    let mySet = setInterval(timeGo, 1000);
</script>
```

8.4 Web交互界面开发进阶

图片轮播和选项卡是Web常见的交互特效，各类型网站都可以使用。利用图片轮播可以展示网站的Danner、广告、新闻；利用选项卡，可以在宝贵的页面空间展示更多的内容。

本节要点

（1）理解JavaScript在Web交互中的运用场景，掌握HTML、CSS和JavaScript综合运用技巧。

（2）能利用JavaScript实现图片轮播和选项卡的Web交互特效。

（3）认识代码规范的重要性，并能初步形成规范编码意识。

8.4.1 案例实现：图片轮播

图片轮播是Web中常见的特效之一。用户单击图片控制点，就可以通过动画或者渐隐等效果展示对应的图片。图片轮播可以用来做网站的Banner，也可以用来展示广告、产品、新闻等，如图8-6所示。因此，该交互特效非常受网站的青睐。

1. 请思考

（1）怎么实现图片轮播结构的HTML和CSS布局？

（2）图片的滚动如何实现？

（3）触发滚动要使用什么JavaScript事件？

图8-6　图片轮播示例

2. 案例分析

整个图片轮播结构分成两部分：图片和控制点。有多少张图片，就有多少个控制点。当前显示图片对应的控制点的颜色跟其他控制点不一样，这样可以从视觉上告诉用户当前显示的是第几张图片。

在HTML结构中用<div>标签划分这两部分。

（1）在图片部分的<div>中，使用<ul>标签管理图片。每个<li>标签包含一个超链接和图片，保证用户单击图片后，可以打开对应的页面。轮播图片的大小应该保持一致。本案例的图片大小为700px × 400 px。

（2）在控制点的<div>中，直接使用<a>超链接标签制作控制点。为了防止<a>标签在被单击后进行页面跳转，需要给属性href添加"javascript:void(0);"属性值屏蔽超链接的跳转功能。由于当前控制点与其他控制点的样式不一样，所以单独使用一个名为current的类给它指定样式。默认情况下，这个current类添加在第一个控制点上。

图片轮播的HTML代码如下。

代码8-36　图片轮播的HTML代码

```
<!-- 图片轮播 -->
<div class="picshow">
    <!-- 图片部分 -->
    <div class="bigimg">
        <ul class="img_ul" id="imgUl">
            <li class="current"><a href="#"><img src="images/pic1.jpg"
alt=""></a></li>
            <li><a href="#"><img src="images/pic2.jpg"alt=""></a></li>
            <li><a href="#"><img src="images/pic3.jpg"alt=""></a></li>
            <li><a href="#"><img src="images/pic4.jpg"alt=""></a></li>
            <li><a href="#"><img src="images/pic5.jpg"alt=""></a></li>
        </ul>
    </div>
    <!-- 图片部分 end -->

    <!-- 控制点，写好样式后要注释掉控制点的代码，方便后面用 JavaScript 动态生成它们
```

```
-->
        <div class="dots"id="dots">
<!--        <a href="javascript:void(0);"class="current"></a>-->
<!--        <a href="javascript:void(0);"></a>-->
<!--        <a href="javascript:void(0);"></a>-->
<!--        <a href="javascript:void(0);"></a>-->
<!--        <a href="javascript:void(0);"></a>-->        </div>
        <!-- 控制点 end -->
    </div>
    <!-- 图片轮播 end -->

<!-- 引入轮播的 JavaScript 文件 -->
<script src="js/lunbo.js"></script>
```

下面使用CSS公用代码初始化页面的基础样式。本案例使用的CSS公用代码如下。

代码8-37　图片轮播的CSS公用代码

```
/* 图片轮播 CSS 公用代码 */
*{
    margin: 0;
    padding: 0;
}
a{
    text-decoration: none;
}
ul,li,ol{
    list-style: none;
}
img{
    border: 0;
}
.clears{
    clear: both;
    height: 0;
    overflow: hidden;
    font-size: 0;
    line-height: 0;
}

body{
    font-family: Arial,Verdana,"Microsoft Yahei","simsun";
    font-size: 14px;
}
```

在本案例中，图片横向轮播需要让图片所在的<li>标签横向排列，可以使用浮动。但是必须保证<ul>标签的宽度能容纳图片横向排列。因此，<ul>标签的宽度要足够大。这里设置<ul>标签的宽度为9999px。

图片的宽度超过<ul>标签宽度时，图片超出的内容将被隐藏。因此，图片部分的<div>标签要设置宽、高（与图片宽、高保持一致），使用overflow:hidden;属性设置超出内容隐藏。

图片轮播的本质其实就是控制图片部分的<ul>标签移动。因此，为了制作移动的动画效果，给<ul>标签添加transition过渡动画属性。

控制点都是使用超链接标签制作的，因为要给控制点设置宽高，所以必须为超链接添加display属性，其值为inline-block，同时添加背景色。而current类控制当前控制点的样式，可以更改它的背景色或者宽度。

图片轮播的关键CSS代码如下。

代码8-38　图片轮播的关键CSS代码

```
/* 图片轮播关键 CSS 代码 */
.picshow{
    width: 700px;
    height: 430px;
    background: #eee;
    margin-left: auto;
    margin-right: auto;
}
.bigimg{
    width: 700px;
    height: 400px;
    background: #ccc;
    overflow: hidden; /* 超出内容隐藏 */
}
.img_ul{
    transition:all  0.5s;
    width: 9999px;
}
.img_ul li{
    width: 700px;
    height: 400px;
    overflow: hidden;
    float: left;
}
.dots{
    width:100%;
    height: 30px;
    text-align: center;
}
.dots a{
    width: 20px;
    height: 20px;
    background: #f30;
    margin-top:5px;
    margin-left: 5px;
    margin-right: 5px;
    border-radius: 30px;
    display: inline-block; /* 横向排列 */
}
.dots .current{
```

```
        background: #000;
        width: 40px;
    }
```

　　控制点的数量要和图片的数量保持一致。但是图片的数量随时可能根据需要增加或者减少。因此，JavaScript要根据图片的数量动态生成控制点。

　　用户单击控制点，图片的<ul>标签移动，每次移动的距离是"图片宽度×当前点的索引"。标签的移动可以利用JavaScript控制marginLeft属性实现。

　　用户单击控制点的同时，当前控制点增加current类，其他控制点则要去掉current类。因此，可以先去掉所有控制点的current类，再给当前控制点添加current类。

　　图片轮播的关键JavaScript代码如下。

代码8-39　图片轮播的关键JavaScript代码

```
// 动态生成控制点
// 获取图片的 <ul> 标签和控制点的 <div> 标签
let imgUl = document.getElementById("imgUl");
let dots = document.getElementById("dots");
// 获取图片的 <li> 标签
let li = imgUl.children;
// 获取图片的数量
let picNum = li.length ;
// 利用循环动态生成控制点的 <a> 标签
for(let i=0 ; i<=picNum-1 ; i++){
    let a = document.createElement("a");
    a.href= "javascript:void(0);";    // 屏蔽 <a> 标签的页面跳转
    // 如果是第一个控制点，则添加 current 类，让它的颜色突出
    if( i===0 ){
        a.className = "current";
    }
    // 把生成的 <a> 标签放入控制点的 <div> 标签中
    dots.appendChild(a)
}
// 获取所有控制点
let dots_a = dots.children;
// 去掉所有控制点的 className
function  dianCurrentOut(){
    for(let k=0 ; k <= dots_a.length - 1 ; k++){
        dots_a[k].className = "" ;
    }
}
// 循环遍历控制点，给每个控制点添加 click 事件
for( let i = 0 ; i <= dots_a.length-1 ; i++ ){
    dots_a[i].addEventListener("click", function(){
        dianCurrentOut();  // 去掉所有控制点的 Class
        this.className = "current" ;
        // 显示对应的内容（图片）
        imgUl.style.marginLeft = -700* i + "px" ;
    })
}
```

8.4.2 案例实现：选项卡

选项卡也是Web中常见的特效之一，选项卡可以在有限的页面空间内展示更多的内容。用户单击选项卡的标题，就可以展示对应的信息，如图8-7所示。其制作思路与图片轮播非常类似，只是把图片轮播的控制点换成选项卡的标题而已。

图8-7 选项卡效果示例

1. 请思考

（1）选项卡的交互操作与图片轮播的交互操作有哪些相同的地方？

（2）如何实现选项卡的HTML和CSS布局？

（3）选项卡内容切换要使用什么JavaScript事件？

2. 案例分析

整个选项卡分成两个部分：标题和内容。有多少个标题，就有多少段内容。标题和内容的顺序一定要保持一致。当前显示内容对应的标题的颜色与其他标题不一样。

在HTML结构中用<div>标签划分这两个部分。

（1）在标题部分使用<ul>标签制作标题，每个<li>标签包含一个超链接和标题文字，保证用户单击标题后，可以显示对应的内容。为了防止超链接标签<a>在被单击后进行页面跳转，需要给属性href添加"javascript:void(0);"属性值屏蔽超链接的跳转功能。

（2）在内容部分的<div>中考虑到选项卡内容的多样性，使用<div>标签管理各自的内容板块。每个内容板块的<div>标签宽度应该保持一致，其高度根据项目情况来定。在这里，每个内容板块的<div>标签的宽、高均保持一致。

选项卡的HTML代码如下。

代码8-40　选项卡的HTML代码

```
<!-- 选项卡 -->
<div class="xxk">
    <!-- 标题部分 -->
    <div class="xxk_title">
        <ul>
            <li class="current"><a href="javascript:void(0);">实事新闻
</a></li>
            <li><a href="javascript:void(0);">体育新闻</a></li>
            <li><a href="javascript:void(0);">娱乐八卦</a></li>
        </ul>
    </div>
    <!-- 标题部分 end-->

    <!-- 内容部分 -->
    <div class="xxk_content">
        <!-- 实事新闻 -->
        <div class="xxk_block show">
            实事新闻示例内容
        </div>
        <!-- 实事新闻 end -->
        <!-- 体育新闻 -->
        <div class="xxk_block">
            体育新闻示例内容
        </div>
        <!-- 体育新闻 end -->
        <!-- 军事新闻 -->
        <div class="xxk_block">
            军事新闻示例内容
        </div>
        <!-- 军事新闻 end -->
    </div>
    <!-- 内容部分 end -->
</div>
<!-- 选项卡 end -->
<script src="js/xxk.js"></script><!-- 引入选项卡 JavaScript 文件 -->
```

当前显示内容的标题与其他标题的样式不一样，因此单独使用一个名为current的类给它指定样式。默认情况下，这个current类添加在第一个标题的<li>标签上。

在选项卡中，默认内容板块是隐藏的，只显示指定的内容。需要显示内容就给它添加指定的类show。

选项卡的关键CSS代码如下。

代码8-41　选项卡的关键CSS代码

```
.xxk{
    width: 500px;
    height: 343px;
    margin-left: auto;
    margin-right: auto;
}
```

```css
.xxk_title{
    height: 40px;
    line-height: 40px;
    font-size: 18px;
    background: #eee;
    border-bottom: 2px #f30 solid;
}
.xxk_title li{
    float: left;
}
.xxk_title li a{
    display: inline-block;
    padding-left: 20px;
    padding-right: 20px;
    color: #333;
}
.xxk_title li.current{
    background: #f30;
}
.xxk_title li.current a{
    color: #fff;
}
.xxk_content{
    width: 498px;
    height: 299px;
    background: #fff;
    border:1px #999 solid;
    border-top:none;
}
.xxk_block{
    width: 458px;
    height: 259px;
    display: none;
    padding: 20px;
    font-size: 16px;
}
.xxk_block.show{
    display: block;
}
```

选项卡的交互效果是用户单击选项卡标题，对应的内容出现，其他内容隐藏。

可以考虑在单击标题时，为所有标题去掉current类，并为当前标题增加current类；为所有内容去掉show类，并为当前内容增加show类。

选项卡的关键JavaScript代码如下。

代码8-42　选项卡的关键JavaScript代码

```javascript
// 获取选项卡标题和内容部分的标签
let xxkUl = document.getElementById("xxkUl");
let xxkCon = document.getElementById("xxkCon");
// 获取标题 <li> 标签和所有内容板块
```

```
let li = xxkUl.children;
let xxkblock = xxkCon.children;
// 遍历每个 <li> 标签，并添加 click 事件
for(let i=0; i<=li.length-1; i++){
    li[i].addEventListener("click",function(){
        // 去掉所有标题的 current 类，以及所有内容板块的 show 类
        for(let j=0; j<=li.length-1; j++){
            li[j].classList.remove("current");
            xxkblock[j].classList.remove("show");
        }
        // 为当前标题增加 current 类，为当前内容增加 show 类
        this.classList.add("current");         // 增加 current 类
        xxkblock[i].classList.add("show"); // 增加 show 类
    });
}
```

8.5　本章小结

本章主要介绍了Web交互界面开发中的常见案例：简易计算器、二级导航、时间走动效果等，并拓展介绍了图片轮播和选项卡案例。通过网站交互特效的制作，展现了JavaScript在Web交互中的常见运用。

8.6　本章习题

1. 选择题

（1）以下是更改标签的类名为myClass的代码是（　　　）。

　　A. xEle.className="myClass"　　　　B. xEle.class="myClass"

　　C. xEle.classname="myClass"　　　　D. xEle.class-name="myClass"

（2）访问标签的兄弟标签推荐使用（　　　）。

　　A. nextElementSibling和previousElementSibling

　　B. nextSibling和previousSibling

　　C. nextElementBrother和previousElementBrother

　　D. nextBrother和previousBrother

（3）访问标签的子标签推荐使用（　　　）。

　　A. childs　　　　B. childNode　　　　C. children　　　　D. childrenNodes

（4）以下说法不正确的是（　　　）。

　　A. DOM的全称为Document Object Model

　　B. BOM为文档对象模型

　　C. DOM可以对页面的内容进行增加、删除、替换

　　D. BOM为浏览器对象模型

（5）下列关于获取页面元素的说法正确的是（　　　　）

    A. document.getElementById('a')通过id值a获取页面中的\<a\>超链接标签

    B. document.getElementsByTagName("div")通过标签名获取所有\<div\>标签

    C. xEle.children用于获取标签\<xEle\>中的所有标签，包含子孙标签

    D. 以上说法都正确

2. 简答题

（1）简述删除数组元素的方法。

（2）简述创建时间对象的方法。

（3）请列举创建数组、删除数组、插入数组元素的语句。

（4）阐述你对计时器的setTimeout()、setInterval()的理解。

3. 操作题

（1）小飞同学在2018年12月19日那天认识了她的女朋友小玉。小玉非常浪漫，想在他们认识 100 天纪念日的时候出去旅游。于是她让小飞订那天的机票。如何利用JavaScript，帮助小飞计算他们认识100天纪念日是几月几日？

（2）小飞约小玉17：00在校门口的火锅店吃饭。但是小飞比较忙，错过了时间。等他想起来赶到火锅店门口的时候，小玉已经走了。为了让小飞下次约会不再迟到，如何用JavaScript 做一个倒计时的提醒工具，在距离约定时间还有30分钟和15分钟的时候，分别提醒小飞应该马上出发了。

（3）制作一个按钮，5 s后才允许用户单击。

（4）实现图8-8所示的时钟效果。

图8-8　图片时钟效果

基本思路如下。

① 把图片分成数字图，每张图片可显示数字0～9。

② 把时间分成十位数和个位数。

③ 两张图片表示一个时间，比如用两张图片表示分钟。随着时间变化，分别替换对应图片。

（5）求一个数组中所有数的和。数组定义如下。

```
let arr=[23,13,3,51,5];
```

（6）求一个数组中的最小值及其索引。数组定义如下。

```
let arr=[23,13,3,51,5];
```

（7）某公司为了鼓励员工积极工作，准备了抽奖活动。奖品有 iPhone 14、Huawei P60 Pro、Xiaomi 13、OPPO Find X5、512GB 固态硬盘、现金2000元。制作一个页面，上面有一个按钮，每单击一次，随机抽中一个奖品，并在页面上展示抽奖结果。

（8）实现某电商网站上的图片轮播效果，如图8-9所示。

图8-9　某电商网站图片轮播效果

具体要求如下。

① 单击控制点，能实现图片的切换。

② 单击左右箭头，也能实现图片的切换。

③ 当用户不做任何操作时，图片能自动切换。

第 9 章

综合案例：网站交互界面开发

一个成功的网站绝对不仅有HTML和CSS，一定还有JavaScript的交互特效。本章基于前面讲过的交互界面开发所需的HTML、CSS和JavaScript知识，完成一个企业网站的交互界面开发。在实例中分模块逐步完成项目。

本章要点

（1）掌握HTML、CSS和JavaScript在网页中的综合运用技巧。

（2）能利用JavaScript实现网站中常见的Web界面交互特效。

（3）初步具备Web界面交互编码规范素养，在编码中做到结构（HTML）、样式（CSS）、行为（JavaScript）分开编码，分类管理。

（4）初步形成项目化整为零的工程思想。

9.1 交互界面分析

本案例的页面选用的是某协会网页，整个页面分为头部、主体和底部3个部分，如图9-1所示。

图9-1 页面结构分析

其中头部分为顶部、Logo区和导航3个部分，如图9-2所示。

图9-2　页面头部效果

页面主体部分的结构稍微复杂，但是总的来说，其内部从上到下划分为几层，如新闻、图标链接、人物介绍等，如图9-3所示。在编写主体结构时，可以从"层"这个角度逐个完成。

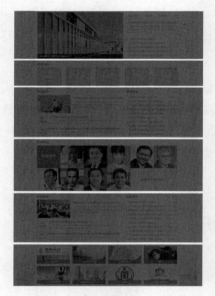

图9-3　主体部分结构分层示例

页面底部分为底部信息区和版权区两个部分，如图9-4所示。

图9-4　页面底部效果

9.2　初始化CSS

为了减少后期样式的兼容性问题，减少开发者使用的CSS 基础代码量，提高开发效率，我们往往在项目中编写一些初始化的CSS代码，这种CSS代码被称为公用样式。

目前比较知名的CSS公用样式库有 reset.css和normalize.css。这里笔者使用自己的公用样式库，如下所示，供读者参考。

代码9-1 公用样式库示例

```
*{ margin:0px; padding:0px;}
html{ -webkit-text-size-adjust:100%; -ms-text-size-adjust:100%;}
table{ border-collapse:collapse;border-spacing:0;}
th{ font-weight:normal;}
fieldset,a img{ border:0px;}
iframe{ display:block;}
ol,ul,li{ list-style:none;}
del{ text-decoration:line-through; }
h1,h2,h3,h4,h5,h6 { font-size:100%; font-weight:bolder;;}
q:before,q:after {content:'';}
sub,sup {font-size: 75%; line-height: 0; position: relative; vertical-
align: baseline;}
sup {top: -0.5em;}
sub {bottom: -0.25em;}
a,textarea,input,button,input:focus,input:hover{ outline:none;}
ins,a{ text-decoration:none;}
textarea{ resize:none; overflow-y:auto;}
em,i{ font-style:normal;}
li,input,img,textarea,select{ vertical-align:middle;}
article,aside,details,figcaption,figure,footer,header,hgroup,menu,nav,
section, main{ display:block;}
audio,canvas,video{ display: inline-block;*display: inline;*zoom: 1;}
abbr,acronym{ border:0;font-variant:normal;}
address,caption,cite,code,dfn,em,th,var{ font-style:normal; font-
weight:500;}
::-webkit-input-placeholder {font-size: 14px; }
::-moz-placeholder {font-size: 14px;}
:-ms-input-placeholder {font-size: 14px; }
input:-moz-placeholder { font-size: 14px; }
.clearfix:after {
visibility: hidden;
display: block;
font-size: 0;
content: ".";
clear: both;
height: 0;
}
* html .clearfix                { zoom: 1; }
*:first-child+html .clearfix { zoom: 1; }
.cl {clear: left;}
.cr {clear: right; }
.cb {clear: both;}
.clears{ clear:both; line-height:0px; overflow:hidden; font-size:0px;
height:0px;}
.fl{ float:left; _display:inline;}
.fr{ float:right; _display:inline;}
.hide {display:none;}
.show{ display:block;}
```

```
.ovh{ overflow: hidden;}
.d_b{ display:block;}
.d_ib{ display:inline-block;}
.v_m{ vertical-align:middle;}
.abs {position: absolute;}
.rel {position: relative;}
.fix {position: fixed;}
html{ background:#fff; color:#333;}
body{  font-family:Verdana,Arial,"Microsoft Yahei","SimSun";
text-align:center; font-size:12px;}
input,textarea,select{font-family:Verdana,Arial,"Microsoft
Yahei","SimSun";}
a{color: #666; }
a:hover {color: #ff6633;}
.section{width:1200px; margin-left:auto; margin-right:auto; text-
align:left;}
.section_big{min-width:1200px; margin-left:auto; margin-right:auto;}
```

9.3　界面HTML框架搭建

　　整个页面以头部、主体和底部3个主要部分进行搭建。其中主体按照页面内容要求分层搭建。

　　每个部分都用<div>标签搭建，并写上适当的注释，以使代码容易理解，代码如下。

代码9-2　界面HTML框架

```
<!doctype html>
<html>
<head>
<meta charset="utf-8">
<meta http-equiv="X-UA-Compatible" content="IE=edge" >
<title>市勘察设计协会</title>
<meta name="keywords" content=" 关键词 ">
<meta name="description" content=" 网页描述 ">
<link rel="shortcut icon" href="favicon.ico" />
<link rel="bookmark" href="favicon.ico" type="image/x-icon"/>
<link rel="stylesheet" type="text/css" href="style/index.css"/>
</head>
<body>
<!-- top -->
<div class="section_big top" id="top">
    <div class="section">
        top 内容
    </div>
</div>
<!-- top end -->
<!-- header -->
<div class="section_big header">
<div class="section">
```

```
        header 内容
    </div>
</div>
<!-- header end -->
<!-- nav -->
<div class="nav section_big">
    <div class="section">
        nav 内容
    </div>
</div>
<!-- nav end -->
<!-- 主体内容 -->
<div class="section mainbody">
    <!-- 新闻图片 -->
    <div class="quake-slider fl" id="lunbo">
        新闻图片
    </div>
    <!-- 新闻图片 end -->
    <!-- 重要通知  公示公告  新闻资讯  -->
    <div class="w430 fr tongzhi">
        重要通知  公示公告  新闻资讯
    </div>
    <!-- 重要通知  公示公告  新闻资讯 end  -->
    <div class="clears mb20"></div>
    <!-- 数字协会 -->
    <div class="dig_ass section">
        数字协会
    </div>
    <!-- 数字协会 end -->
    <div class="clears mb20"></div>
    <!-- 交流培训 -->
    <div class="news720 w720 fl">
        交流培训
    </div>
    <!-- 交流培训 end -->
    <!-- 评优评先 -->
    <div class="w430 fr">
        评优评先
    </div>
    <!-- 评优评先 end -->
    <div class="clears mb20"></div>
    <!-- 专家展示 -->
    <div class="index_zhuanjia">
        专家展示
    </div>
    <!-- 专家展示 end -->
    <div class="clears mb20"></div>
    <!-- BIM 咨询 -->
    <div class="news720 w720 fl">
        BIM 咨询
    </div>
```

```
        <!-- BIM 咨询 end -->
        <!-- 企业资质 -->
        <div class="w430 fr">
            企业资质
        </div>
        <!-- 企业资质 end -->
        <div class="clears mb20"></div>
        <!-- 图片链接 -->
        <div class="pics_link section">
            图片链接
        </div>
        <!-- 图片链接 end -->
        <div class="clears mb20"></div>
</div>
<!-- 主体内容 end -->
<!-- 联系方式 -->
<div class="footer_contact section_big">
    <div class="section">
        联系方式
    </div>
</div>
<!-- 联系方式 end -->
<!-- copyright -->
<div class="section_big copyright">
    <div class="section">
        copyright
    </div>
</div>
<!-- copyright end -->
<!-- 浮动框 -->
<div class="fudongkuang">
    浮动框内容
</div>
<!-- 浮动框 end -->
<script type="text/javascript" src="scripts/myjs.js"></script>
</body>
</html>
```

9.4　时间走动特效实现

网站页面顶部有一个时间走动特效，其效果如图9-5所示。

欢迎来到**市勘察设计协会，今天是 2022年03月05日

图9-5　网站时间走动特效

它展示了当天的时间。需要注意的是，月和日采用双数字显示方式。当数字小于10时，以0开头，如03、05等。

其HTML代码如下。

代码9-3　网站时间走动特效的HTML代码

```html
<div class="fl">
欢迎来到 ** 市勘察设计协会，今天是
<span id="toptime">2022 年 03 月 05 日 </span>
</div>
```

由于变化的只是时间，因此时间部分使用<span>标签独立出来。
其JavaScript代码如下。

代码9-4　网站时间走动特效的JavaScript代码

```javascript
// 简化获取 genId() 方法
function getId(obj){
    return document.getElementById(obj);
}
// 时间走动函数
function timeFun() {
    let mytime = new Date();
    let yy = mytime.getFullYear();
    let mm = mytime.getMonth()+1;
    (mm<10) && (mm="0"+mm);
    let dd = mytime.getDate();
    (dd<10) && (dd="0"+dd);
    getId("toptime").innerHTML = yy+" 年 "+mm+" 月 "+dd+" 日 ";
}
// 调用时间走动函数
let shijian = setInterval(timeFun,1000 );
```

9.5　二级导航制作及交互实现

该网页的导航有二级导航特效。当用户将鼠标指针移动到一级导航项上时，会出现二级导航，同时伴随翻转动画；当鼠标指针离开一级导航项时，二级导航会隐藏，如图9-6所示。

图9-6　网页二级导航效果

网页二级导航的HTML代码如下。

代码9-5　网页二级导航的HTML代码

```html
<!-- nav -->
<div class="nav section_big">
<div class="section">
<ul class="nav_ul" id="nav_ul">
    <li><a href="#"><span>网站首页 </span></a></li>
    <li><a href="#"><span>关于协会 </span><i class="nav_sj"></i></a>
        <!-- 二级导航 -->
        <ul class="nav_erji">
            <li><a href="#"> 理事长致辞 </a></li>
            <li><a href="#"> 协会简介 </a></li>
            <li><a href="#"> 协会章程 </a></li>
            <li><a href="#"> 组织机构 </a></li>
            <li><a href="#"> 会员名录 </a></li>
            <li><a href="#"> 协会文化 </a></li>
        </ul>
        <!-- 二级导航 end -->
    </li>
    <li><a href="#"><span>分支机构 </span><i class="nav_sj"></i></a>
        <!-- 二级导航 -->
        <ul class="nav_erji">
            <li><a href="#"> 施工图审查分会 </a></li>
            <li><a href="#"> 工程勘察与岩土分会 </a></li>
            <li><a href="#">BIM 分会 </a></li>
            <li><a href="#"> 民营分会 </a></li>
        </ul>
        <!-- 二级导航 end -->
    </li>
    <li><a href="#"><span>新闻动态 </span><i class="nav_sj"></i></a>
        <!-- 二级导航 -->
        <ul class="nav_erji">
            <li><a href="online.html"> 重要通知 </a></li>
            <li><a href="#"> 公示公告 </a></li>
            <li><a href="#"> 新闻咨询 </a></li>
            <li><a href="#"> 协会刊物 </a></li>
        </ul>
        <!-- 二级导航 end -->
    </li>
    <li><a href="#"><span>资质管理 </span><i class="nav_sj"></i></a>
        <!-- 二级导航 -->
        <ul class="nav_erji">
            <li><a href="#"> 企业资质 </a></li>
            <li><a href="#"> 执业注册 </a></li>
        </ul>
        <!-- 二级导航 end -->
    </li>
    <li><a href="#"><span>交流培训 </span><i class="nav_sj"></i></a>
        <!-- 二级导航 -->
        <ul class="nav_erji">
```

```
            <li><a href="#">培训通知 </a></li>
            <li><a href="#">培训资讯 </a></li>
            <li><a href="#">资料下载 </a></li>
        </ul>
        <!-- 二级导航 end -->
    </li>
    <li><a href="#"><span>市场质量 </span><i class="nav_sj"></i></a>
        <!-- 二级导航 -->
        <ul class="nav_erji">
            <li><a href="#">评优动态 </a></li>
            <li><a href="#">获奖名录 </a></li>
            <li><a href="#">行业自律 </a></li>
            <li><a href="#">管理动态 </a></li>
        </ul>
        <!-- 二级导航 end -->
    </li>
    <li><a href="#"><span>BIM 推广 </span><i class="nav_sj"></i></a>
        <!-- 二级导航 -->
        <ul class="nav_erji">
            <li><a href="#">BIM 技术培训 </a></li>
            <li><a href="#">BIM 大赛咨询 </a></li>
            <li><a href="#">获奖作品展示 </a></li>
            <li><a href="#">BIM 技术资讯 </a></li>
        </ul>
        <!-- 二级导航 end -->
    </li>
    <li><a href="#"><span>政策法规 </span><i class="nav_sj"></i></a>
        <!-- 二级导航 -->
        <ul class="nav_erji">
            <li><a href="#">法律法规 </a></li>
            <li><a href="#">部门规章 </a></li>
            <li><a href="#">地方文件 </a></li>
            <li><a href="#">标准规范 </a></li>
        </ul>
        <!-- 二级导航 end -->
    </li>
</ul>
</div>
</div>
<!-- nav end -->
```

二级导航特效的本质只是标签的隐藏和显示，但是在实际运用中，标签往往会结合CSS实现部分交互动画效果。在本案例中，当鼠标指针移动至一级导航项时，二级导航会围绕 x 轴实现翻转动画，其关键CSS代码如下。

代码9-6 网页二级导航的关键CSS代码

```
.nav .section {
  background: #3a78ad;
  height: 70px;
}
.nav .nav_ul {
```

```
    height: 70px;
    float: left;
}
.nav .nav_ul > li {
    height: 70px;
    float: left;
    line-height: 70px;
    position: relative;
    perspective: 500px;
    z-index: 9000;
}
.nav .nav_ul > li > a {
    display: inline-block;
    width: 130px;
    color: #ffffff;
    font-size: 18px;
    float: left;
    text-align: center;
    background: url("../images/nav_bg.jpg") 0 70px repeat-x;
    transition: all 0.2s ease-out;
    height: 70px;
    overflow: hidden;
}
.nav .nav_ul > li > a > span {
    vertical-align: middle;
    display: inline-block;
    margin-right: 4px;
}
.nav .nav_ul > li > a:hover, .nav .nav_ul > li:hover > a {
    background-position: 0 0;
    color: #333;
}
.nav .nav_ul .nav_sj {
    display: inline-block;
    width: 0px;
    height: 0px;
    overflow: hidden;
    font-size: 0;
    line-height: 0;
    vertical-align: middle;
    border-top: 4px #fff solid;
    border-left: 4px transparent solid;
    border-right: 4px transparent solid;
    border-bottom: 4px transparent solid;
    position: relative;
    top: 4px;
    transition: all 0.2s;
}
.nav .nav_ul > li > a:hover > .nav_sj, .nav .nav_ul > li:hover > a > .nav_sj {
    border-top: 4px #333 solid;
    transform: rotateZ(180deg);
```

```css
    top: 0;
}
.nav .nav_ul > li > .nav_erji {
    line-height: 40px;
    font-size: 16px;
    text-align: center;
    width: 160px;
    position: absolute;
    top: 70px;
    left: -15px;
    background: #3a78ad;
    transform-origin: top center;
    display: none;
}
.nav .nav_ul > li > .nav_erji > li {
    height: 40px;
}
.nav .nav_ul > li > .nav_erji > li > a {
    display: block;
    color: #ffffff;
}
.nav .nav_ul > li > .nav_erji > li > a:hover {
    background: #ffe69b;
    color: #333;
}
.nav .nav_ul > li:hover > .nav_erji {
    transform: rotateX(0deg);
    transition: 0.2s;
}
.nav .nav_ul > li:hover > .nav_erji {
    animation: xx 0.5s both;
    -Webkit-animation: xx 0.5s both;
}
```

二级导航的显示与隐藏是通过mouseenter事件和mouseleave触发的，因此需要给一级导航的<li>标签添加这两个事件。利用事件控制二级导航的显示和隐藏样式。其关键JavaScript代码如下。

代码9-7　网页二级导航的关键JavaScript代码

```javascript
// 二级导航函数
function erjiFun(){
    let navul = getId("nav_ul");
    let li = navul.children;
    for(let i=0 ; i<=li.length-1; i++){
        li[i].addEventListener("mouseenter",function(){
            let ul = this.children[1];
            if(!ul){
                return false;
            }
            ul.style.display = "block";
        });
```

```
            li[i].addEventListener("mouseleave",function(){
                let ul = this.children[1];
                if(!ul){
                    return false;
                }
                ul.style.display = "none";
            });
        }
    }
    // 调用二级导航函数
    erjiFun();
```

9.6　新闻列表制作及栏目复用

新闻列表结构是页面的重要结构之一，且会在多处复用，如图9-7所示。因此，为了统一样式和结构，新闻列表往往使用相同的HTML和CSS代码。

在本案例中，新闻列表结构出现在重要通知、评优评先、企业资质等多个板块中。

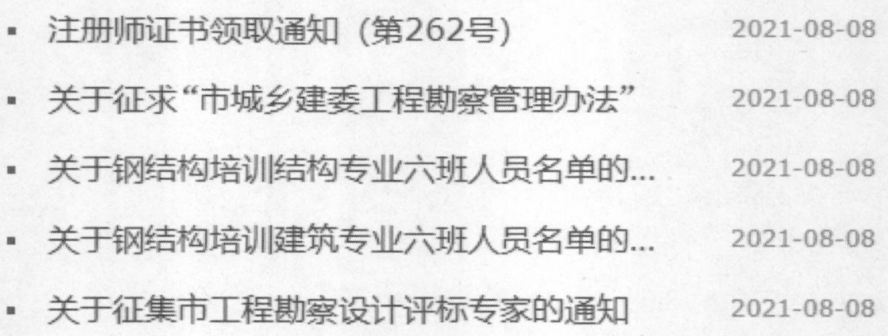

- 注册师证书领取通知（第262号）　　　　2021-08-08

- 关于征求"市城乡建委工程勘察管理办法"　　　2021-08-08

- 关于钢结构培训结构专业六班人员名单的...　　　2021-08-08

- 关于钢结构培训建筑专业六班人员名单的...　　　2021-08-08

- 关于征集市工程勘察设计评标专家的通知　　　2021-08-08

图9-7　新闻列表效果

新闻列表采用<ul>标签制作。将每一条新闻都放入<li>标签中。

同时，每条新闻又分为标题和时间两部分。用户单击标题，可打开对应页面，单击时间则不会。因此，标题是超链接，时间用<span>标签制作即可。

新闻列表的HTML代码如下所示。

代码9-8　新闻列表的HTML代码

```
<!-- 列表新闻 -->
<div class="news_list">
    <ul>
        <li><a href="#">注册师证书领取通知（第262号）</a><span>2021-08-08
</span></li>
        <li><a href="#">关于征求"市城乡建委工程勘察管理办法"</a><span>
2021-08-08 </span></li>
        <li><a href="#">关于钢结构培训结构专业六班人员名单的通知 </a><span>
2021-08-08</span></li>
        <li><a href="#">关于钢结构培训建筑专业六班人员名单的通知 </a><span>
2021-08-08</span></li>
        <li><a href="#">关于征集市工程勘察设计评标专家的通知 </
```

```
a><span>2021-08-08</span></li>
        </ul>
    </div>
    <!-- 列表新闻 end -->
```

新闻列表主要用于文字展示，因此要设定好文字的大小属性（font-size）和行高属性（line-height）。

新闻列表的点图标作为新闻标题的背景。要考虑标题文字较多的情况，因此超链接的样式要设定好宽、高，并且超出的内容要隐藏（overflow:hidden）。

此外，标题和时间在一行中，左右分开显示，因此这里需要实现左右浮动效果。

新闻列表的CSS代码如下所示。

代码9-9　新闻列表的CSS代码

```css
.news_list {
    line-height: 36px;
}
.news_list li {
    height: 36px;
}
.news_list li a {
    font-size: 16px;
    float: left;
    height: 36px;
    overflow: hidden;
    -ms-text-overflow: ellipsis;
    text-overflow: ellipsis;
    white-space: nowrap;
    padding-left: 20px;
    background: url("../images/dots.gif") left 17px no-repeat;
}
.news_list li a:hover {
    background: url("../images/dots2.gif") left 17px no-repeat;
}
.news_list li span {
    float: right;
    font-size: 12px;
    color: #999;
}
```

9.7 选项卡制作及交互实现

网页新闻部分有多个选项卡。当用户单击选项卡标题时会出现对应内容，其他内容会隐藏。选型卡标题旁边还有一个"更多+"链接，单击它会打开对应的次级页面。图9-8所示的3个选项卡对应3个不同的次级页面。因此"更多+"链接地址是动态变化的。

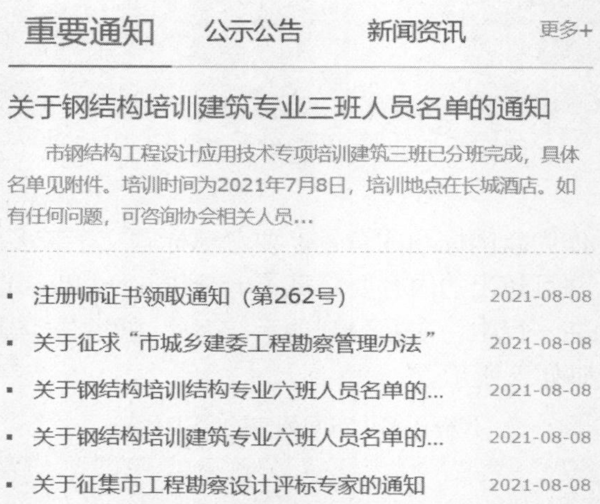

重要通知　　公示公告　　新闻资讯　　　更多+

关于钢结构培训建筑专业三班人员名单的通知

　　市钢结构工程设计应用技术专项培训建筑三班已分班完成，具体名单见附件。培训时间为2021年7月8日，培训地点在长城酒店。如有任何问题，可咨询协会相关人员…

- 注册师证书领取通知（第262号）　　　　　　　2021-08-08
- 关于征求"市城乡建委工程勘察管理办法"　　　 2021-08-08
- 关于钢结构培训结构专业六班人员名单的…　　 2021-08-08
- 关于钢结构培训建筑专业六班人员名单的…　　 2021-08-08
- 关于征集市工程勘察设计评标专家的通知　　　 2021-08-08

图9-8　网页选项卡效果图

　　选项卡的HTML代码主要分为两个部分：标题部分和内容部分。因为"更多+"链接的地址是动态变化的，因此标题使用<li>标签制作，设置属性data-url来存储每个标题对应的次级页面。并且第一个选项卡的标题"重要通知"还有一个额外的突出显示样式类current。

　　内容部分默认标签是隐藏的，因此给内容板块额外添加隐藏类hide。但是默认显示的第一个"重要通知"板块没有隐藏类hide。其主要HTML代码如下。

代码9-10　网页选项卡的主要HTML代码

```html
<!-- 重要通知   公示公告   新闻资讯   -->
<div class="w430 fr tongzhi">
    <!-- 标题 -->
    <div class="tabs_title mb5">
        <ul class="fl" id="tabs_t"> <!-- data-url 是链接地址 -->
            <li data-url="1.html" class="current">
<a href="javascript:void(0)">重要通知</a>
</li>
            <li data-url="2.html">
<a href="javascript:void(0)">公示公告</a>
</li>
            <li data-url="3.html">
<a href="javascript:void(0)">新闻资讯</a>
</li>
        </ul>
        <!--单击"更多+"默认访问第一个内容的链接地址 -->
        <a href="1.html" id="tabs_more" class="more">更多+</a>
    </div>
    <!-- 标题 end -->
    <!-- 内容 -->
    <div class="tab_content news_tab_nr" id="tabs_c">
        <!-- 重要通知 -->
        <div class="tab_block">
            ... 内容略 ...
```

```
        </div>
        <!-- 重要通知 end -->

        <!-- 公示公告 -->
        <div class="tab_block hide">
            ... 内容略 ...
        </div>
        <!-- 公示公告 end -->

        <!-- 新闻资讯 -->
        <div class="tab_block hide">
            ... 内容略 ...
        </div>
        <!-- 新闻资讯 end -->
    </div>
    <!-- 内容 end -->
</div>
<!-- 重要通知　公示公告　新闻资讯 end　-->
```

选项卡的样式有多种，其核心CSS代码如下。

代码9-11　网页选项卡的核心CSS代码

```css
.tabs_title {
    border-bottom: 2px #b3d0e7 solid;
    height: 58px;
    line-height: 58px;
}
.tabs_title li {
    float: left;
    height: 58px;
    transition: all 0.2s;
    width: 120px;
    text-align: center;
}
.tabs_title li > a {
    display: inline-block;
    vertical-align: middle;
    padding-left: 10px;
    padding-right: 10px;
    color: #666666;
    font-size: 18px;
    transition: all 0.2s;
}
.tabs_title li > a:hover {
    color: #f63;
}
.tabs_title li.current {
    border-bottom: 2px #f63 solid;
    background: #ffffff;
}
.tabs_title li.current > a {
```

```
      color: #f63;
      font-size: 24px;
}
.tabs_title .more {
      line-height: 58px;
}
.news_tab_nr {
      height: 340px;
}
.hide {
      display: none;
}
```

用户单击选项卡标题后，可切换标题标签<li>的样式，设置内容的隐藏与显示，还可更改"更多+"链接的地址。其核心JavaScript代码如下。

代码9-12　网页选项卡的核心JavaScript代码

```
// 选项卡函数
function newsTabFun(){
      // 获取对应标签
      let t = getId("tabs_t");            // 获取选项卡标题
      let m = getId("tabs_more");         // 获取"更多 +"链接
      let c = getId("tabs_c");            // 获取内容部分
      // 判断标签是否存在。如果不存在，则终止函数运行
      if(!t){
            return null;
      }
      let li = t.children;        // 获取标题 <li>
      // 循环遍历标题 <li>，给每个标题 <li> 添加事件 click
      for(let i=0; i<=li.length-1; i++){
            li[i].addEventListener("click",function(){
                  // 获取标题 <li> 的自定义属性 data-url 的值
                  let Weburl = this.getAttribute("data-url");
                  // 删除所有标题的 current 类，将所有内容隐藏
                  for(let j=0 ; j<=li.length-1; j++){
                        li[j].classList.remove("current");
                        c.children[j].classList.add("hide");
                  }
                  // 为当前标题增加 current 类，使对应内容显示
                  this.classList.add("current");
                  c.children[i].classList.remove("hide");
                  // 更改"更多 +"链接的 href 属性
                  m.href=Weburl;
            });
      }
}

// 调用选项卡函数
newsTabFun();
```

9.8 图片轮播制作及交互实现

网页的新闻展示用到了图片轮播效果。用户单击图片左右的箭头，可以实现新闻图片的左右切换，如图9-9所示。每张图片有对应的标题可让新闻图片的意义更加明确。

图9-9　网页图片轮播效果

轮播特效板块分为两个部分：左右箭头和图片。为了简化HTML代码的结构，左右箭头采用JavaScript代码动态生成，静态HTML代码只保留图片。图片的标题文字保存在图片的超链接中，与<img>标签关联在一起。其HTML代码如下。

代码9-13　网页图片轮播的HTML代码

```
<!-- 新闻图片 -->
<div class="quake-slider fl" id="lunbo">
    <div class="quake-slider-images" id="lunboPic">
        <a href="#" class="show">
            <span> 协会副理事长兼秘书长发表重要讲话 </span>
            <img src="pics/1.jpg" alt="#"/>
        </a>
        <a href="#">
            <span> 会议会场 </span>
            <img src="pics/2.jpg"alt="#"/>
        </a>
        <a href="#">
            <span> 欧特克软件向大家介绍 BIM 发展趋势 </span>
            <img src="pics/3.jpg"alt="#"/>
        </a>
        <a href="#">
            <span> 微软（中国）向大家介绍云计算、大数据概念及行业应用 </span>
            <img src="pics/4.jpg"alt="#"/>
        </a>
    </div>
</div>
<!-- 新闻图片 end -->
```

轮播的图片直接采用超链接制作，图片标题和图片都放入超链接中。切换图片时，直

接实现对应超链接的隐藏或显示，给图片的超链接添加show类似显示，若删除show类则
会隐藏。虽然用于切换图片的左右箭头需要由JavaScript动态生成，但是相关的样式还是
要写在CSS代码中，尽量不让JavaScript直接操作太多样式。其关键CSS代码如下。

代码9-14　网页图片轮播的关键CSS代码

```
/*slide*/
.quake-slider-wrapper {
   float: left;
   color: #FFFFFF;
   position: relative;
}
.quake-slider {
   width: 720px;
   height: 405px;
   position: relative;
   overflow: hidden;
   background-color: White;
}
.quake-nav a {
   position: absolute;
   top: 45%;
   text-decoration: none;
   width: 37px;
   height: 38px;
   background-repeat: no-repeat;
   z-index: 1000;
   cursor: pointer;
   text-indent: -9999px;
   user-select: none;
}
.quake-prev {
   left: 0px;
   margin-left: 2px;
   background-image: url("../images/arrow-left.png");
}
.quake-next {
   right: 0px;
   margin-right: 2px;
   background-image: url("../images/arrow-right.png");
}
.quake-slider-images a{
   display: none;
   width: 720px;
   height: 405px;
   overflow: hidden;
   position: relative;
}
.quake-slider-images a.show{
   display: block;
}
```

```css
.quake-slider-images a span{
    position: absolute;
    height: 40px;
    line-height: 40px;
    left:0;
    bottom:0;
    right:0;
    font-size: 16px;
    padding-left: 20px;
    padding-right: 20px;
    color: #fff;
    background: rgba(0,0,0,0.6);
}
```

用JavaScript动态生成左右箭头及其内容结构。

用户单击左右箭头，可进行图片切换。运用一个变量表示当前显示图片的索引，单击左右箭头，让该变量增加1或者减少1，同时显示索引对应的图片，即可实现图片切换。其核心JavaScript代码如下。

代码9-15　网页图片轮播的核心JavaScript代码

```javascript
// 图片轮播函数
function lunbo(){
    // 获取对应图片
    let lunBo = getId("lunBo");
    let lunBoPic = getId("lunBoPic");
    let luBoTitle = getId("luBoTitle");
    // 当前显示的图片的索引
    let index = 0 ;
    // 获取轮播图片
    let pics = lunBoPic.children;
    let num = pics.length;
    // 创建图片轮播的左右箭头
    let leftArrow = document.createElement("span");
    let rightArrow = document.createElement("span");
    leftArrow.innerHTML ='<a href="javascript:void(0)"class="quake-prev">
</a>';
    rightArrow.innerHTML ='<a href="javascript:void(0)"class="quake-next">
</a>';
    leftArrow.className = "quake-nav";
    rightArrow.className ="quake-nav";
    // 添加箭头到页面中
    lunBo.appendChild(leftArrow);
    lunBo.appendChild(rightArrow);

    leftArrow.addEventListener("click",function(){
        index--;
        if(index<0){
            index = num-1;
        }
        for(let i=0; i<=num-1; i++){
```

```
            pics[i].classList.remove("show");
        }
        pics[index].classList.add("show");
    });
    rightArrow.addEventListener("click",function(){
        index++;
        if(index>=num){
            index = 0;
        }
        for(let i=0; i<=num-1; i++){
            pics[i].classList.remove("show");
        }
        pics[index].classList.add("show");
    });
}
// 调用图片轮播函数
lunBo();
```

9.9　本章小结

　　本章主要通过某协会网站交互界面特效的制作，全面展示了Web交互界面开发过程中的思路和HTML、CSS以及JavaScript的具体运用。本章综合性较强，读者一定要反复练习代码的编写。

9.10　本章习题

1. 简答题

　　（1）网页的结构一般包含哪几部分？

　　（2）图片轮播时，如何让图片渐变显示和隐藏？

　　（3）如果选项卡的个数不定，则JavaScript代码应该怎么编写？

　　（4）文字列表如果以排行榜的形式显示，则排行榜的数字怎么实现？

　　（5）小谭是某公司的前端开发人员，最近的一个项目很大，小谭应该怎么来规划项目的结构？

2. 操作题

　　（1）修改本章网页的二级导航为三级导航，应该怎样实现？

　　（2）在页面中实现日历效果，如图9-10所示。要求能实现月份切换，单击“返回今天”按钮，能切换回当前月份。

图9-10 日历效果

（3）实现页面打字效果，让一段话的文字一个一个轮流出现在网页中。模拟打字时，文字出现的效果。

（4）实现页面样式切换效果，单击按钮能切换页面的样式。